Des Spessarts Erzwilddieb Johann Adam Hasenstab

Heinz Staudinger

Des Spessarts Erzwilddieb Johann Adam Hasenstab

Mit acht Zeichnungen
von Karl Bedal

Staudinger, Heinz:
Des Spessart Erzwilddieb Johann Adam Hasenstab / Heinz Staudinger.
Mit 8 Zeichn. von Karl Bedal.

3. Auflage 2010
Herausgeber Naturpark Spessart e.V., Gemünden a. Main
www.naturpark-spessart.de

Zeichnungen: Karl Bedal
Satz: Naturpark Spessart e.V., Gemünden a. Main
Druck und Bindung: Santec Druckerei GmbH, Marktheidenfeld
Gedruckt auf 100 % Recyclingpapier
Printed in Germany
ISBN: 978-3-9811192-1-3

Inhalt

Ein wilder Böhm

Der Pürschknecht

Die Wilbertsknupper

Die Hatz

·J·A·H·St·1773

Ein wilder Böhm

Auf, auf, Ihr Jäger all
und folget Eurem Kurfürst nach,
Er ist auf grüner Heid
Und jaget Hirsch und Reh.
Auf grüner Heid
Tönt Jagdgeschrei,
Im Wald, im Wald,
Der Hörnerklang
Ruft zum Gesang
Die Jäger all zusamm.

Wie Hasenstab sich in einen Baumstamm verwandelt

Scheint's ist er verpfiffen worden, der Hasenstab, weil die Jäger diesmal ganz genau gewusst haben, wo er steckt: im verfallenen Gemäuer der Markuskapelle!

In weitem Bogen haben sie das Waldstück zwischen Haselbach und Kropfbach umstellt, mucksmäuschenstill! Und wie der alte Oberförster Sator die Hand hebt, rücken sie vor, Gewehr in Anschlag.

Immer enger schließt sich die Kette. Kein Mensch gäbe jetzt auch nur einen lumpigen Kreuzer auf das Leben des vogelfreien Wilderers. Jeden Augenblick muss er den Schützen vor die Flinte laufen. Haben sie gemeint! Aber wie die Jäger unter den dichtbelaubten Bäumen, die im offenen Schiff der alten Kapelle wachsen, aufeinandergestoßen sind, da war ihnen der Malefizlump wieder einmal durch die Lappen gegangen.

Sakramentisch fluchend setzen sie sich auf einen Baumstamm. Mit rechten Dingen kann das nicht zugehen, da hat der Leibhaftige seine Hand im Spiel. Kein Wunder, wenn man mitten in der Kirche das grüne Holz wachsen lässt...

Bevor sie einander selber in die Wolle geraten, brechen sie ab. Über ihre Fehljagd wollen sie das Maul halten.

Aber die Leute erfahren die Geschichte doch – von einem, der es hat wissen müssen. Hasenstab selber erzählt sie in der Wirtschaft, brühwarm, und mit jedem Wort der Jäger treibt er seinen Spott.

Aber wie ist er denn davongekommen? Na ja, wie er keinen anderen Ausweg mehr gesehen hat, da hat er halt an seinem Zauberring gerückt und sich in einen Baumstamm verwandelt.

»Dass die Grünen sich auf mich draufgehockt haben, sell liegt mir nicht an. Aber das muss mir der alte Sator büßen, dass er seine Pfeife auf meinem Buckel ausgeklopft hat!«

Hirschkeule à la Hasenstab

Wer war dieser Aufschneider, der mit kühnem Sprung in eine dichtbelaubte Buchenkrone seine Häscher zum Narren halten und dem Volk ein Zauberkunststückchen vorgaukeln konnte?

Ein Verbrecher oder ein Freiheitsheld?

Noch heute lässt sich sein Name werbewirksam vermarkten. Als kulinarische Besonderheit ziert gelegentlich ein Wildgericht »à la Hasenstab« die Speisenkarte Spessarter Gasthäuser – wobei hoffentlich die Art der Zubereitung gemeint ist!

Noch 200 Jahre nach seinem Tod kennt jeder Spessarter diesen seinen Landsmann: Aber was wissen wir wirklich über ihn, über sein wildes, unbändiges Leben in den weiten Wäldern zwischen Rothenbuch und Bischbrunn, seine lebenslange Flucht, sein gewaltsames Ende?

Während über den berüchtigtsten Zeitgenossen seiner Zunft, den Bayerischen Hiesel, mehr als ein Dutzend Bücher vorliegen, hat es Hasenstab noch zu keiner Lebensbeschreibung gebracht, und sein Leben war nicht minder abenteuerlich.

Und so wäre sicher bald Gras über ihn gewachsen, wenn nicht der seinerzeit vielgelesene, heute fast vergessene spätromantische Dichter Alexander Kaufmann die Sagen und Schwänke gesammelt und 1868 veröffentlicht hätte.

Wohl ist Kaufmann kein Franke, und sein Sagenstoff war bei der Abfassung bereits über 100 Jahre lang mündlich überliefert worden. Doch als fürstlicher Archivar in Wertheim schöpft unser Dichter aus erster Quelle, und seine Sagensammlung, trotz aller Mängel eine heimatkundliche Kostbarkeit, macht ihn, wenn man so will, zum Vater der Hasenstabliteratur.

Angeregt von Kaufmann erschienen in heute unzugänglichen fränkischen Volkskalendern Geschichten über den Wilderer. Die Kalender steckten ja zu allen Zeiten voll von Schelmenstückchen.

Auf diese Kalendergeschichten gehen die meisten Aufsätze zurück, die in unserem Jahrhundert geschrieben wurden. Verstreut über Tageszeitungen, Zeitschriften und Sagensammlungen ist diese Literatur in der Zwischenzeit unüberschaubar geworden.

Die Fülle der Veröffentlichungen brachte jedoch keinen Fortschritt mehr.

Ohne Kenntnis des geschichtlichen und volkskundlichen Hintergrundes und der forstlichen und jagdlichen Zusammenhänge schreiben die meisten Verfasser einfach voneinander ab.

Und in einen weiteren Fehler verfallen die Herren! Befangen in verlogene Räuberromantik verherrlichen sie den Wildschütz als Nothelfer der Armen und als Freiheitskämpfer wider die Tyrannenmacht.

Wenn wir die Wahrheit wissen wollen, dann müssen wir uns schon selber bemühen und nachforschen in verstaubten Archiven.

Denn sicher sind zu seinen Lebzeiten Stöße von Akten vollgeschrieben worden, in jenem tintenklecksenden Säkulum.

Doch leider sind sie verschollen, samt und sonders.

So schwierig es der lebendige Wildschnepper seinen Fahndern machte, noch schwieriger machte es der Tote den Geschichtsforschern. Was die Archive hergeben, langt mit Mühe und Not zum Knochenbau. Wir müssen den Spessarter selber befragen, Waldarbeiter und Forstleute, Bauern und Gastwirte, wenn wir das archivalische Skelett mit Fleisch und Blut beleben wollen.

In den Sagen und Schwänken des Volkes ist das Gedenken an Hasenstab bis auf den heutigen Tag lebendig geblieben.

Seit bald 20 Jahren habe ich diese Erzählungen gesammelt und aufgeschrieben. Dabei bin ich fast zu spät gekommen, denn die bodenständige Überlieferung wird allmählich von der literarischen Fassung zurückgedrängt. Die Leute erzählen mehr vom Gelesenen als vom Gehörten.

Doch hie und da sprudelt noch reines und unvermischtes Erzählgut.

Nun wollen wir der mündlichen Überlieferung nicht zutrauen, sie könne geschichtliche Ereignisse wahrheitsgetreu über Jahrhunderte hinaus vermitteln. Wir kennen die gestalterische Freiheit, die sich der Volksmund nimmt, dass er weglässt und dazu dichtet, dass er gerne übertreibt. Mit der Zeit vollbringen ja unsere Vorfahren immer größere Taten!

Deswegen dürfen wir diese Volkserzählungen noch lange nicht als Märchen abtun: Die Ereignisse waren seinerzeit allen Hörern bekannt, der Kern der Geschichte konnte nicht verfälscht werden. Im Gegenteil, wir dürfen diesen Sagen zugute halten, dass sie das Wesen ihres Helden schärfer widerspiegeln als alle aktenmäßigen Niederschriften.

Sie müssen nur gesammelt werden, Steinchen für Steinchen, dann lässt sich mosaikartig ein Bild zusammensetzen, und die verschwommene Gestalt gewinnt unter unseren Händen feste Umrisse.

Dabei wollen wir den Fehler vermeiden, den Wilderer oder seinen Bezwinger zu glorifizieren, wollen der Versuchung widerstehen, die Hofjagdzeit zu verteufeln und dem toten Landesherrn einen – heute ungefährlichen – Eselstritt zu versetzen. Wir wollen nicht werten, wir wollen schildern, wie es damals wirklich war.

Das Dörfchen mit dem traurigen Ansehen

Bei soviel Sagenhaftigkeit hat schon mancher bezweifelt, ob Hasenstab überhaupt gelebt hat.

Er hat gelebt!

Wir brauchen nur in den Kirchenbüchern nachschlagen, was merkwürdigerweise noch niemand getan hat. Am 21. September 1716 ist Johann Hasenstab in Rothenbuch geboren worden als Sohn der Eheleute Christof und Ursula.

Ein Eintrag im Taufbuch wie jeder andere, nichts deutet auf etwas Besonderes hin, weder der Nachname: so schrieb sich jeder dritte in Rothenbuch, noch der Vorname: so hieß damals jeder zweite in deutschen Landen.

Den Adam als Zunamen hat ihm wohl sein Herr Gevatter zum Taufgeschenk vermacht. Mit der Aussprache des umständlichen Johann-Adam halten sich die Franken nicht lange auf. In der

Mundart wird der Doppelname zusammengeschliffen auf ein geläufiges »Hannadel«.

Bei der Hochzeit im Februar hat es scheint's pressiert. Denn der kleine Hannadel ist schon vor der schicklichen Frist auf die Welt gekommen. Oder war er gar ein Siebenmonatskind?

Vater Christof kam aus gutem Hause; er stammte von dem kurfürstlichen Jäger Karl Hasenstab ab. Den Aufstieg in den herrschaftlichen Jagddienst hat Christof nicht geschafft. Er arbeitete zwar auch im Wald, aber als Holzknecht. Und da ging es ihm nicht anders als allen armen Leuten: Seine Suppe war bald gekocht!

Von seinem kleinen Hof allein konnte er nicht leben, sowenig wie die anderen Ortsnachbarn. Alle mussten sich im Wald ihr Zubrot verdienen, als Scheithauer und Schmierbrenner, als Köhler und Glasmacher.

Über 500 Seelen zählte seinerzeit die volkreiche Gemeinde, aber nicht mehr als 138 Hektar Flur maß die Gemarkung.

Mehr Feld hatten ihre Vorfahren nicht roden dürfen, jenes Volk aus aller Herren Länder, das der Kurfürst in den Spessart gerufen und bei der »roten Buche« angesiedelt hatte.

Im Lauf der Zeit waren sie zu einem hessisch-fränkischen Mischvolk mit rheinfränkischer Mundart zusammengewachsen. Unruhiges Blut brachten zugewanderte böhmische Glasbläser mit, vom Spessarter Försterweistum misstrauisch als »wilde Behem« bezeichnet. Böhmischer Abkunft war wohl auch der Stammvater jener weitverzweigten und in Rothenbuch tonangebenden Hasenstab-Sippe.

Denn der Familienname Has, der im Spessart eine Unzahl absonderlicher Ableger trieb, wie Hasenfuß, Hasenknopf oder Hasenfratz, hat mit dem Feldhasen nichts zu tun. Sprachforscher haben ihn auf ein slawisches Grundwort zurückzuführen versucht, das soviel wie Possenreißer bedeutet.

Und wenn der Name ein Vorzeichen ist, so sollte der kleine Hannadel weiß Gott ein Possenreißer werden, einer von der übelsten Sorte, dass den Genasführten die Augen tropften!

Wie es in dem weitabgeschiedenen Dorf damals ausgesehen hat, wissen wir von einem Augenzeugen. Im Jahr 1793 bereiste ein bildungsbeflissener junger Forstmann den Kurmainzer Spessart. Er schrieb an seinen Freund:

»Bald darauf kam ich vor einen sehr massiven eichenen Plankenzaun, der, wegen des starken Roth- und Schwarzwildstandes ein mageres kleines sandigtes Feldchen einschließt, in dessen Mitte, tief im engen Thale, ein Dörfchen liegt, das ein sehr altes trauriges Ansehen hat, und Rothebuch heißt.«

Dieses »magere kleine sandigte Feldchen«, davon konnten die Rothenbücher nicht leben. Aber sie sollten auch gar nicht als Bauern hausen wie die reichen Franken drüben auf der anderen Mainseite. An Landwirtschaft war dem Kurfürsten nicht gelegen; die Rodung hätte nur die Wildeinstände geschmälert und der Jagd geschadet.

Dem hohen Erzstift Mainz stand die völlige Jagdbarkeit zu, das hohe wie das niedere Jagdrecht. Und diesem Jagdrecht verdankten die Rothenbücher Untertanen ihr Dasein. Um zur Jagd stets die nötigen Helfer an Ort und Stelle zu haben, hatte sie der Kurfürst angesiedelt.

Die Kehrseite der herrschaftlichen Jagdlust aber war die Jagdlast der Untertanen. Diese Jagdlast hieß Jagdfron und war eine ungemessene Dienstbarkeit von Mensch und Vieh. Der Jagdherr konnte sie nach Belieben fordern – und das tat er denn auch weidlich. Rothenbuch zählte zu jenen 8 Hochspessartdörfern, auf denen das Joch der Jagdfron am drückendsten lastete. Dafür galten sie allein als die wahren Spessarter.

Damit die Eingeforsteten leben konnten, durften sie sich aus dem Wald holen, was der Acker nicht hergab. Der Landesherr gestattete gnadenhalber im Sommer die Viehweide und im Winter die Schweinemast. Auch das benötigte Bauholz, Brennholz und Leuchtspanholz wurde abgegeben.

So entstanden die bekannten Spessartforstrechte, die teilweise heute noch fortleben.

Auch mit herrschaftlichen Abgaben waren die Fröner nur gering belastet.

So lebten die leibeigenen Untertanen zwar ärmlich, aber sie fanden ihr Auskommen. Die bittere Not ist erst nach dem Abzug der Mainzer über den Spessart hereingebrochen.

Unser Forstmann schreibt weiter:

»Die Häuser sind niedrig und ärmlich, und ungeheuer große und dicke eichene Schindeln, die vom ausgedrungenen Looh schwarz gefärbt sind, decken die Dächer und bekleiden alle Wände an den Gebäuden.«

In solch einer armseligen Hütte wuchs er auf, der kleine Hannadel, zusammen mit seinen Geschwistern, mit Rindvieh und Schweinen, Geißen und Gänsen. Denn unter einem Dach zusammen mit ihrem Vieh hausten die Spessarter.

Als Aufenthaltsraum diente die Küche, erhellt von flackerndem Leuchtspan und erwärmt von offener Herdstatt. Der Rauch zog durch die Haustür ab.

Der Bub steckte noch in den Kinderschuhen, da wurde seine Familie vom Unglück heimgesucht. Der Vater starb – wohl durch Unfall, denn er war erst 27 Jahre alt.

Er hinterließ drei unversorgte Kinder: seinen erstgeborenen Johann Adam, das Töchterlein Anna Maria und den ein halbes Jahr nach Vaters Tod geborenen Johann Konrad.

Jetzt musste die Witwe allein die Familie durchbringen. Da war denn oft Schmalhans Küchenmeister in der Schindelhütte. Wie sollte die Mutter auch ein Brot abschneiden, wenn keins im Tischkasten lag.

Viel zu gutmütig war sie obendrein. Und barmherzige Mütter ziehen bekanntlich lausige Kinder. Das lässt uns der wohlwollende Chronist Ottomar von Holzhausen vorausahnen:

»Seiner Mutter machte er schwere Sorgen, alle Mahnungen und alle Erziehungsversuche waren fruchtlos. Der Spessartbub hatte einen starken Eigenwillen und einen unbändigen Freiheitsdrang. Zu Hause litt es ihn nie. In Feld und Wald ständig umherstreunend, verlegte er sich auf das Vogelstellen, wobei ihm kein Baum zu hoch war, den er nicht zum Ausheben eines Vogelnestes bestiegen hätte. Meisterhaft stellte er Laufdohnen, ›Sprinzen‹, Garne und andere Fanggeräte, um die gefiederten Spessartbewohner in seine Gewalt zu bringen. Im klaren Wiesenbache stibitzte er die Forellen, die er mit bloßer Hand fing.«

Nun, der Vogelfang war nichts Unrechtes, er war jedermann erlaubt. Die essbaren Vögel kaufte die Hofküche, und für die schädlichen Spatzen gab es ein Fanggeld.

Gefährlicher war es beim Fischen und Krebsen. Hier musste er sich hüten vor dem Bachförster.

Der Fischreichtum der Gewässer war eine arge Versuchung, wenn wir wissen, dass die Bachförster im Jahre 1768 sage und schreibe 12.674 Stück Krebse an die Hofküche liefern konnten.

Vom Fischfrevel führte der Weg geradeaus weiter. Bei dem Springinsfeld sahen die Leute schon früh, wie der Tag wird.

Unser Chronist fährt fort:

»Wenn er allein oder mit einem gleichgesinnten Busenfreund im Dämmerlichte des Waldes abends oder frühmorgens herumlungerte, beobachtete er mit seinen Luchsaugen das Wild, dessen Standorte und Wechsel er besser kannte als die Jäger, denen er scheu aus dem Wege ging, selbst, heiß und begehrlich loderte sein Auge, wenn er dem alten Gatterläufer Naz nachsah, der als Zaunwart angestellt war. Der Blick des Burschen konnte sich namentlich von dem alten einläufigen Feuersteingewehr, das Naz auf dem Rücken trug, nicht trennen.«

Eine gewisse Zelebrität

Ein verlorener Fronflecken, dieses Rothenbuch? Mitnichten. Rothenbuch war der Hauptort im Kurmainzer Spessart. Hier saß der Amtskeller. Seine Kellerei – dem heutigen Finanzamt vergleichbar – umfasste die umliegenden 14 Gemeinden von Bischbrunn bis Krommenthal. Er hob die Steuern ein und zahlte die Bedienten aus. Über seine Kassengeschäfte führte er Buch, die sogenannte Kellereirechnung, heute eine heimatgeschichtliche Fundgrube. Doch Rothenbuch war mehr als Finanzamt. Es war darüber hinaus auch ein forstlicher und jagdlicher Schwerpunktort.

Hier saßen die Forstleute, der Laubmeister, der reitende Förster, der Bachförster, und hier residierte eine ganze Hierarchie von Jägern: der Vize-Oberjäger, der Revierjäger, zwei Pürschknechte, der Tiergärtner und schließlich als das Schlusslicht der Jägerei-Bedienten: der Schlosspförtner.

Seine eigentliche Bedeutung aber erhielt Rothenbuch durch sein Jagdschloss. Ein eindrucksvolles Gebäude, zweistöckig aus rotem Sandstein gebaut, und von Mauer und Graben umschlossen.

In der Nähe lag der Tiergarten. Er versorgte die Hofküche während der Schonzeit mit Wildbret. Auch seltenes Wild wurde hier gehalten, weiße Hirsche, gescheckte Sauen.

Und wenn dem Kurfürst nach Schießen zumute war, dann schoss er das eine oder andere Stück.

Sein Jagdschloss machte Rothenbuch in der Mitte des 18. Jahrhunderts berühmt; es gewann – wie ein Zeitgenosse sich auszudrücken beliebte – »in der Geschichte des Mainzer Kurstaates eine gewisse Zelebrität«.

Diese Zelebrität brachte die Untertanen in argen Zwiespalt. Einerseits sahen sie in dem prächtigen Wasserschloss ihre verhasste Zwingburg, andererseits ließen sie sich von den Abfällen des Hofes gerne verwöhnen.

Schlossherr war der Kurfürst und Erzbischof von Mainz. Die Länder seines Staates lagen verstreut an Rhein und Main und waren verwaltungsmäßig gegliedert in das Obere und Untere Erzstift. Der Spessart gehörte zum Oberen Erzstift. Hauptstadt des Oberen Erzstiftes war Aschaffenburg, die zweite Residenz im Kurstaat.

An der Spitze dieses Staates stand der Kurfürst. Ein souveräner Herr, alle staatliche Macht lag in seinen Händen.

So klein sein Ländchen auch sein mochte, nach der Ordnung des Alten Reiches mit ihrer barocken Kirchenherrlichkeit galt der Kurfürst und Erzbischof von Mainz als der erste Reichsfürst nach dem Kaiser. Denn mit dem Heiligen Stuhl zu Mainz war die geistliche Würde eines Metropolitan-Erzbischofs und Primas von Deutschland verbunden, mit dem Vorrecht, den deutschen König zu krönen. Hinzu kamen die höchsten weltlichen Ämter im Deutschen Reich: Kurfürst und Reichserzkanzler.

Der derzeit regierende Fürst, Franz Ludwig, Herzog von Pfalz-Neuburg, ein Prinz aus fürstlichem Haus, hatte damit aber noch nicht genug. Er häufte noch mehr der hohen Würden auf seinem Haupte zusammen: Bischof von Breslau, Bischof von Worms, Administrator des Hochmeistertums in Preußen und Deutschordensmeister in deutschen und welschen Landen...

Als Kanzler war Franz Ludwig verstrickt in die hohe Politik des Reiches. Seinen Kaiser, Karl VI., quälte der Kummer, dass bei seinem Tod das habsburgische Haus im Mannesstamm ausstarb. Er verordnete deshalb, dass ihm seine Tochter Maria Theresia als Erbin nachfolgen solle. Dieses Erbfolgegesetz, die berühmte pragmatische Sanktion, von den deutschen Staaten anerkennen zu lassen, war Aufgabe seines Reichserzkanzlers. Und der Mainzer Erzbischof schaffte es, dass die pragmatische Sanktion von der Reichsversammlung angenommen wurde.

Bei dieser Ämterfülle, wann sollte der gute Franz Ludwig da noch eine Messe lesen?

Die Regierungsgeschäfte mögen ihn manchmal bitter angekommen sein. Da brauchten Seine kurfürstlichen Gnaden dringend Entspannung. Nicht nur die gewöhnlichen Freudenspiele des Hofes als Theater, Bälle, Gastereien, sondern auch Jagden, prächtige Lustjagden!

»Sie brauchte die Jagd als Ausgleich für das schwere Geschäft des Regierens, sie brauchte ein wenig Ergötzlichkeit, damit sie sich erlustigen und die Bitterkeit des Regierstandes versüßen könne« – wie man die kostspieligen Hofjagden seinerzeit rechtfertigte.

Die Jagd als vornehmste Belustigung der hohen Herrschaften hat dem Barockzeitalter einen Beinamen eingebracht: Hofjagdzeit! Die jagdliche Lehre gehörte verbindlich zur Ausbildung des jungen Adeligen. Auch der geistliche Stand machte keine Ausnahme, denn die hohe Geistlichkeit waidwerkte nicht minder leidenschaftlich als ihre weltlichen Standesgenossen. Und wie bei den weltlichen Fürstenhöfen diktierte auch im Kurstaat Mainz die Jagd den

Lebensrhythmus und Aufenthaltsort der Erzbischöfe. Jedes Jahr jagten sie mehrere Monate lang im Spessart.

Auf einem grün gestrichenen, gedeckten und bewohnbaren Jagdschiff ließen sie sich nach Aschaffenburg hinaufrudern. Im Schloss Johannisburg stiegen Ihro kurfürstlichen Gnaden bei höchstem Wohlsein ab »und die Freude« – berichtet die Hofpresse – »so sich bei der höchsten Ankunft in allen Gesichtszügen und Herzen der Einwohner ausdrückte, war sichtbar allgemein verbreitet. Überall ertönte der Schall der Kanonen und der unaufhörliche Laut des freudigen Zurufs der von allen Seiten sich zudringenden unzählbaren Menge von Menschen.«

Von Aschaffenburg ging der Jagdzug zu Pferd auf der Landstraße weiter. »Unser theuerster Landesherr« saßen im Leibwagen, voraus ritten die Jäger in bester Ordnung. Im Jagdschloss Rothenbuch war man am Ziel; hier, fern von der Residenz blieben Ihro kurfürstlichen Gnaden unbehelligt von den lästigen Regierungsgeschäften, ohne dennoch auf die gewohnten Annehmlichkeiten des Hofes verzichten zu müssen.

Zwei Hauptzeiten der Hohen Jagd kannte man, die Winterjagd und die Sommerjagd.

Die Winterjagd galt dem schwarzen Wildbret, den Sauen. Die Sommerjagd auf das rote Wildbret fiel in die Feistzeit des Hirsches und hieß daher auch Hirschfeistjagen.

Bei diesen Hofjagden wurden die Untertanen zur Fron aufgeboten.

Als Bub von 15 Jahren musste sich der Hannadel, wie die übrige Spessarter Jungmannschaft auch, zur Jagdfron melden und als Treiber mitziehen. Das war ein Dienst nach seinem Herzen! Anders als die aufsässigen Untertanen, die beim Aufgebot zu spät kamen oder zu früh abliefen, sogar ganz ausblieben, blieb er beim Zeug. Ja, er zeigte sich so dienstbeflissen und anstellig, dass er den Jägern auffiel.

Die Untertanen schienen vergessen zu haben, dass sie der Jagd ihr Dasein verdankten, genau wie der Wald nur für das Wild da war. War doch der ganze Hochspessart ein einziges riesengroßes

Jagdrevier. In den ausgedehnten, von Wiesengründen durchschnittenen Laubwäldern um Rothenbuch und Bischbrunn fanden Massen von Rotwild Äsung, die riesigen Eichendickungen boten dem Schwarzwild Einstand.

Der Jagd wegen blieb der Hochspessart frei von Siedlung und Gewerbe, für das Wild wurden die Mast tragenden alten Eichen übergehalten. Die Zeugen der vergangenen Jagdherrlichkeit leben heute noch: Die weltberühmten uralten Werteichenbestände sind alle in der Mainzer Zeit entstanden. Die Mainzer wussten um den Wert ihres Waldes. Sie betrachteten ihn »als ein wahres Kleinod des hohen Erzstiftes«. Und staunend schreibt unser Wandersmann:

»Sowohl auf den Höhen als in den Thälern fand ich ganz besonders schöne, sehr lange und dicke und ganz gerade Eichbäume, von welchen die gesunden an die Holländer = Holzhändler auf Versteigerungen ziemlich theuer verkauft werden. Wir konnten uns an diesen prächtigen Bäumen von ungewöhnlich schönem Wuchse nicht satt sehen. Schöner findet man sie auf dem ganzen Erdball gewiß nicht.«

Dieser junge Forstmann mit seinem Kennerblick verfasste später grundlegende Fachbücher, brachte es zum Chef des preußischen Forstwesens, wurde der bedeutendste deutsche Forstmann überhaupt: Georg Ludwig Hartig!

Das Kind im Brunnen

In diesem weltabgeschiedenen Spessart verlebte der kleine Hannadel seine Kindheit, frei und ledig.

Doch als der Springinsfeld herangewachsen war, da musste er sich eine Arbeit suchen, wie die anderen Rothenbücher Burschen auch. Einen Faulenzer konnte die Mutter nicht länger ernähren.

Notgedrungen nahm er einen Anlauf bei den Kohlenbrennern. Das Kohlholz, krummes, struppiges, knorriges Holz sauber aus den Hieben räumen, zum Meiler schleppen, aufspalten, die Scheite schichten, mit Kohlestaub bewerfen und mit Erde abdecken, das war eine schwere Arbeit und eine dreckige obendrein. »Gleich und gleich gesellt sich gern« – hat der Teufel zum Kohlenbrenner gesagt, weil einer so schwarz war wie der andere.

Lange hat unser Kohlknecht nicht ausgehalten, dann kehrte er zur Mutter zurück, lebte in den Tag hinein und zog an allen Stricken.

Daheim verlegte er sich auf Schlingenstellen, fing Hasen und Rebhühner auf dem Feld, Auer- und Birkhahnen im Wald; die Beute wanderte in den mütterlichen Kochtopf. Er wusste die Schlingen so meisterhaft zu stellen, dass er von den Jägern nicht erwischt wurde.

Auf seine Landsleute machte das den gehörigen Eindruck. Sie mochten den Burschen gern, auch wenn er der Arbeit auswich. Vor allem die Mädchen schauten ihm nach. So wenigstens will es der bayerische Kalendermann auf das Jahr 1802 wissen. »Er war von mittlerer Statur, dürr und sehnig, dabei flink wie ein Wiesel. Er hatte feurige Augen, darob ihm die Weibsleut allerorts nachliefen.«

Aus Hasenstabs Jugendzeit haben mir Rothenbücher Waldarbeiterinnen die folgende Geschichte erzählt:

»Der kleine Johann, dem Förster Sator sein Bub, spielt eines Tages auf der Straße. Die Kindsmagd treibt sich weiß Gott wo herum. Da fällt der Bub in den Ziehbrunnen – und kein Mensch hört sein Gezeter. Und er hätte erbärmlich dersaufen müssen, wenn nicht der Hasenstab dazugekommen wäre. Der war ja überall, wo der Hund mit dem Schwanz wedelt, er packt den Buben beim Kräutig und zieht ihn aus dem Wasser – und er hat nicht gewusst, dass er seinem Mörder das Leben gerettet hat.«

Diese Geschichte kann in Einzelheiten nicht stimmen – Johann Sator war damals noch gar nicht geboren, auch ist er nicht in Rothenbuch aufgewachsen. Doch uns erstaunt, wie der Volksmund die Namen Sator und Hasenstab in einem Atemzug nennt.

Nach der Kellereirechnung war Anfang der dreißiger Jahre tatsächlich ein Josef Sator – der Großvater Johanns – kurfürstlicher Revierjäger in Rothenbuch. Noch mehr überrascht, wie das Volk das Schicksalhafte der Begegnung vorausahnt.

Auf die enge Beziehung zwischen Hasenstab und Sator weist auch die Werwolfsage hin.

Jahrzehntelang hatte sich im Spessart kein Wolf mehr gezeigt. Da wurden im Jahre 1729 gleich zwei Wölfe geschossen, einer davon in Rothenbuch und zwar vom Herrn Vize-Oberjäger persönlich. Dieses Ereignis hat auf das Volk einen solchen Eindruck gemacht, dass es zu einer Sage verarbeitet werden musste.

In diese Sage wurde das Schicksal des damals 13jährigen Hasenstab hineinverwoben. Denn bei allem Beifall sahen die Nachdenklichen im Volk durchaus das Verbrecherische seines Tuns. Sie suchten nach einer Rechtfertigung und fanden sie im germanischen Schicksalsglauben. Das unabänderliche Schicksal wird gleichsam als Leitmotiv Hasenstabs künftigem Lebensweg vorangestellt.

Wie Hasenstab unter die Wölfe fällt

»Der Hannadel hat einmal sein Herrle und Fräle in Neuhütten besuchen wollen. Es ist Winter, der Schnee ist verharscht und der Bub kommt nur langsam voran.

Mitten im Wald merkt er auf einmal, wie ein Wolf hinter ihm her ist. Er will davonspringen, aber bei jedem Schritt bricht er ein. Der Wolf schnürt über den Harsch hinweg, holt ihn ein und fällt über ihn her.

Den Wolf hat der Jäger Sator in der Früh waidwund angeschossen. Und wenn der nicht mit dem Leithund im letzten Augenblick dazugekommen wäre und dem Wolf den Fangschuss gegeben hätte, wer weiß, wie die Sache ausgegangen wäre!

Der Jäger trägt den Buben nach Rothenbuch ins Jagdschloss. Dort flickt ihn der Wundarzt wieder zusammen und legt ihm auch gleich ein Pflaster wider den tollen Hundsbiss auf.

Der Bub kriegt das Wundfieber. Tagelang muss er im Traum mit dem Wolf kämpfen, und sein Leben hängt just noch am Zwirnsfäd-

lein. Er wird wieder gesund, aber der alte ist er dennoch nimmer. Kein gewöhnlicher Wolf hat ihn angefallen, sondern ein Werwolf.

Wer aber vom Werwolf gebissen wird, der ist verhext. Der muss selber als Werwolf laufen und ein Jäger werden – oder ein Wildschütz.«

Der Pürschknecht

Jetzt jagen wir par force.
Kommt her zu Pferd und setzt euch drauf!
Wir haben wilde Lust
Und schießen tapfer drauf!
Hirsch, Reh und Tier
Macht groß Pläsier.
Die Hund, die Hund,
Die jagen's auf
Wir schießen drauf
Bis alles ist verwundt.

Wie Hasenstab die Katze aus dem Sack lässt

Der Hasenstab hat sich seiner Lebenstag gar arg viel Kraut rausgenommen, schon seinerzeit, wie er selber noch kurfürstlicher Jäger war.

So war es bei einer Hasenjagd. Wie nach dem Treiben die Schützen auf einem Haufen beinander stehen und plaudern, lässt er unversehens aus seiner Jagdtasche einen Kater springen und schreit: »Ein Has', ein Has'«!

Ausgerechnet der Ehrengast, ein Mainzer Hofrat, fällt drauf rein. Der reißt sein Pürschrohr hoch, fährt mit und schießt die Katze übern Haufen. »Der Hase liegt, der Hase liegt!« hat er eine Freude. Flugs ist der Hasenstab zur Stelle. Mit spitzigem Finger nimmt er den Dachhasen beim Schwanz und hebt ihn in die Höhe, dass ihn ein jeder sieht. Dann legt er ihn waidmännisch zur Strecke.

Wie er dem Hofrat auch noch Waidmannsheil bietet und ihm den Bruch an den Hut stecken will, können sich die Schützen das Lachen nimmer verbeißen.

Wie ein Stinkiger verlässt der Hofrat die Jagdgesellschaft. Aber vergessen hat er dem Hasenstab den Tuck nicht!

Unverdrossen und unversoffen

Ein ähnlicher Schwank wird auch vom Bayerischen Hiesel erzählt – wie überhaupt beider Lebensläufe einander gleichen. Deswegen hat auch Forstmeister Simon aus Altenbuch Hasenstab den »Bayerischen Hiesel des Spessart« genannt.
Wer nun der wahre Sagenheld ist, erscheint heute nebensächlich.

Etwas anderes lässt uns stutzen: Hannadel im Jagdrock, der Erzwilderer als wohlbestallter kurfürstlicher Jäger, der Bock als Gärtner?

Hat da der Volksmund nicht gar zu dick aufgetragen? Von diesem Lebensabschnitt ihres Helden wissen die Chronisten nämlich nichts zu berichten. Lediglich eine alte Kalendergeschichte soll erzählt haben, wie die Jäger den tüchtigen Treiber nach Aschaffenburg holten und als Forstknecht in kurfürstlichen Dienst nahmen.

Wir mögen das auch dem Kalendermann nicht abnehmen.

Und doch scheint es eine amtliche Bestätigung zu geben!

Im Bestallungsbuch aus dem Jahre 1729 – darin wurden die kurfürstlichen Bediensteten nach Rang und Namen aufgeführt – finden wir in Rothenbuch den Revierjäger Josef Sator vorgetragen, und als seine Pürschknechte den Peter Hasenstab, weiter Johann Hasenstab den Großen und Johann Hasenstab den Kleinen. Es ist nicht auszuschließen, dass mit dem kleinen Johann Hasenstab tatsächlich der blutjunge Hannadel gemeint ist.

War es seine Tüchtigkeit als Treiber, war es Rücksicht auf den Stand des Großvaters – der Hannadel hat die Aufnahme in den kurfürstlichen Jagddienst geschafft. Die Prophezeiung der Werwolfsage scheint sich zu erfüllen!

Als Pürschknecht hatte Hasenstab die unterste Sprosse der kurfürstlichen Jagdhierarchie erklommen.

Entsprechend der alles überragenden Bedeutung der Jagd stand an der Spitze der Jagdverwaltung einer der allerhöchsten Hofbeamten des Mainzer Kurstaates: Seine Exzellenz, Höchst Ihro kurfürstlicher Geheimrat und Obristjägermeister.

Vom Aschaffenburger Schloss aus leitete er das gesamte Spessarter Jagdwesen. Nebenher, als Oberforstmeister, lenkte er auch das Forstwesen, nach der damaligen Rangordnung: Wild vor Wald und Jäger vor Förster.

Repräsentation war die Hauptaufgabe des adeligen Obristjägermeisters. Die jagdliche Tagesarbeit leistete der bürgerliche Oberjäger. Er hatte sich dazu »mit einem tüchtigen Pferd beständig beritten zu halten«.

Da war die kurfürstliche Hundehaltung zu beaufsichtigen. Im Hundszwinger wurden die berühmten Leithunde gehalten – »und seint wenigstens daß Jahr durch 8 Leith-Hund im Jagdhaus«.

Diese sorgfältig abgeführten Hunde mussten bei der Hetzjagd den Hirsch aufsuchen, bestätigen, die Fährte halten und weiterhin das krank geschossene Wild nachsuchen.

Diese Arbeit war unbezahlbar; deshalb ließ sich der Kurfürst die Hundehaltung auch etwas kosten. 10 Fuder Stroh jährlich, 4 Malter Hafer monatlich und anderthalb Pfund Brot täglich rechnete der Rüdenknecht für jeden Hund. Hoch stand der Leithund in der Gunst seines Herrn; tags wich er nicht von seiner Seite, nachts lag er in den Schlafgemächern des Fürsten. Den Namen eines dieser Herrenlieblinge kennen wir noch: Juppiter von Sailauf.

Hauptsächlich hatte der Oberjäger jedoch seine 13 Revierjäger zu überwachen.

Diese Revierjäger betreuten die 13 Spessarter Forsten. Die Mainzer Forsteinteilung besteht im Kern heute noch fort. Als Rückgrat der Jagdverwaltung wurde von den Jägern viel verlangt. Sie sollten sein: »gottesfürchtig, guten Gesichts, gesunder Zähne, schneller Füße, eines gesunden Atems, laut vom Halse, unverdrossen und unversoffen«.

Und streng fordert die Dienstanweisung: »primo solle er Revierjäger Ihro kurfürstlichen Gnaden und dero hohen Erzstift Mainz getreu, hold, gehorsam und gewärtig sein, Schaden wahren und allen Nutzen bestens zu beförderen suchen«.

Für diese hohen Anforderungen des Berufs brauchte es eine zünftige Ausbildung. Der junge Matthes Sator ging bei seinem Vater Josef in die Lehre, musste bei den Schweinshatzen und Hirschfeistjagen als rechtschaffener Jägerjunge mitziehen, bis er hunde- und holzgerecht, schieß- und hirschgerecht geworden war.

Und wenn er von ungefähr im Wald ein sauberes Grasmädchen traf, wurde er auch in einem anderen Fach gerecht: »da siehets umb die Jungfernschaft gefährlich aus und kann so genau nicht hergehen«.

Nachdem er seine drei Lehrjahre treu und brav ausgehalten, sprach ihn der Oberjäger vor der angetretenen Jägerschaft des Spessarts von seinen Lehrjahren frei und händigte ihm den Hirschfänger aus. Den Hirschfänger, das Seitengewehr des Jägers, durfte keiner tragen, er sei denn gelernter Jäger.

Und wenn der alte Josef Sator resignierte, durfte der junge Matthes auf die Gnade hoffen, dass ihm die Planstelle seines Vaters übertragen wurde mitsamt »derselben anklebenden und von seinen Vorfahren genossenen Bestallung«.

Mit dieser Bestallung ließ sich standesgemäß leben; eine jährliche Besoldung von 50 Gulden, dazu 7 Gulden Schuhgeld und 8 Gulden für das »Tuch zum Kleid«.

Weiters 15 Malter Korn für den Leithund sowie 12 Malter Hafer und 10 Zentner Heu. Dazu freie herrschaftliche Wohnung und Brennholz nach Bedarf.

Schließlich noch Schussgeld und das große Jägerrecht am erlegten Wild, nämlich Kopf und Hals bis zur dritten Rippe.

Bei ihrem obersten Jagdherrn standen die Jäger in höchster Gunst. Sie richteten die jagdlichen Lustbarkeiten aus und weilten während der Hofjagd in nächster Nähe des Kurfürsten. Dabei entwickelte sich ein besonderes Vertrauensverhältnis. Wie alle übrigen kurfürstlichen Beamten konnten auch die Jäger jederzeit ihres Postens enthoben werden. Die allerhöchste Gnade brachte es aber mit sich, dass diese Unsicherheit nur auf dem Papier stand. Tatsächlich blieben die Jäger auf Lebenszeit auf ihrem Posten, mehr noch, die Söhne folgten in der Regel dem Vater nach, die Posten waren erblich geworden. Zu diesen Spessarter Erbförsterfamilien zählte auch das Geschlecht der Sator.

Als frei geborene Männer, als festbesoldete Beamte und als Günstlinge des Fürsten entwickelten die Spessarter Erbförster ein ausgeprägtes Standesgefühl. In ihre Reihen wurden nur ihresgleichen aufgenommen.

In Brot und Sold

In diese Kaste konnte kein Hasenstab eindringen, wenn ihn auch die Sage zum zünftigen Jäger befördert hat. Dazu fehlte ihm die vorgeschriebene Ausbildung. Zur Jägerlehre wäre er aber wegen seiner leibeigenen Herkunft nicht zugelassen worden.

Hasenstab war kein Jäger, sondern Jagdgehilfe.

Ein Jäger konnte die Fülle seiner Pflichten unmöglich allein bewältigen: Er hatte das Wild zu hegen, bei der Hofjagd zu helfen, die Jagdfröner zu beaufsichtigen und auch noch den Forstdienst zu versehen.

Zur Unterstützung waren ihm deshalb zwei bis drei Gehilfen in allen Jagd- und Forstsachen unterstellt.

Diese Pürschknechte, auch Beiförster oder Wildbretförster geheißen, nahm man aus den Reihen höriger Spessartbauern. Sie blieben auch in ihrer neuen Stellung leibeigene Untertanen. Der Pürschknecht war einer strengen Dienstanweisung unterworfen. Der frei und ungezogen aufgewachsene Hannadel muss sich auf einmal seinem Vorgesetzten, dem alten Sator, »jederzeit gehorsam und willfährig bezeigen« und hat sich »in allen Jagdvorfallenheiten so täg- als nächtlicher Weile von denen Revierjägern gebrauchen zu lassen, denselben bei Treiben-Jagen, Wilddiebe aufsuchen, und was dergleichen mehr sein mag, bestens an Handen seyn...«

Von allen Jagdvorfallenheiten waren Jagdschutz und Wildhege die wichtigsten.

An den Feiertagen durfte kein Untertan den Wald betreten, wenn er darin nichts zu schaffen hatte. Und zur Setzzeit war sogar das Wandern in der Wildbahn verboten.

Kein Köter durfte im Walde streunen. Wer im Walde zu schaffen hatte, musste seinen Hund daheim lassen. Und wenn der Schäfer seinen Hund im Freien brauchte, musste er ihm ein hölzernes Kreuz unter die Brust henken, um ihm das Wildhetzen zu verleiden.

Selbst die Mast von Eiche und Buche war für das Wild gehegt. Ihre Schweine durften die Untertanen nur eintreiben, wo es ohne Nachteil für die Wildbahn geschehen konnte.

Derartige Störungen vom Wild fernzuhalten, zählte von nun an zu Hasenstabs Pflichten.

Doch das allein genügte nicht, den hohen Wildstand zu halten. Er musste dem alten Sator auch bei der Äsungsverbesserung und Fütterung zur Hand gehen. Die Wildhege ließen sich die Mainzer etwas kosten; das belegen die Kellereirechnungen. Waldwiesen wurden gerodet, Wildäcker angebaut, Salzlecken beschickt – das alles, um das Rotwild auf den Brunftplätzen zu halten. Schließlich im Winter, von Dezember bis in den April hinein, wurde in den

Wildscheuern gefüttert: das Schwarzwild mit »Grundbirn« und Rüben, das Rotwild mit Heu und Hafer.

Bei diesen Hilfsdiensten lernte der junge Pürschknecht das hohe wie das niedere Waidwerk von der Pike auf kennen. Er schien zum Jäger geboren. Bald kannte er alle hirschgerechten Zeichen, sah an Fährte, Losung und Fegestellen, wie viele jagdbare Hirsche im Revier standen, wusste, wo das Wild des Abends austrat und morgens zu Holze zog.

Woher er das alles wusste – mit rechten Dingen konnte das nicht zugehen.

Noch mehr fiel er als Schütze auf. Sein scharfes Auge, seine ruhige Hand: bald schoss er auf flüchtiges Wild sicherer als sein Lehrmeister, der alte Sator.

Schlimmer war, dass er sich seiner Schussfertigkeit auch noch brüstete. Freunde konnte er sich in Jägerkreisen damit nicht gewinnen.

Je ärger der Strick, desto größer das Glück, mochten seine Jugendfreunde gedacht haben. Hasenstab stand bei seinem Kurfürsten in Brot und Sold. Er hatte sein festes Einkommen. Er bezog eine jährliche Bestallung von 3 Malter Korn und das nötige Brennholz sowie alle zwei Jahre 4 Ellen Tuch zum Försterrock. Außerdem war er wacht- und fronfrei und durfte während der Mast zwei Schweine in den Wald treiben.

Und wenn er bei den Hofjagden gebraucht wurde, gab es ein Kostgeld von täglich 15 Kreuzern extra. Eine bescheidene Besoldung. Aber wer ein Häuslein erbt und seinen Acker bebaut, der findet sein Auskommen, der kann einen eigenen Hausstand gründen.

So einem schauen die Mädchen nach!

Aber er hat nicht lange gut getan im Fürstendienst.

Der Revierjäger Josef Sator, im Pulverdampf ergraut, hatte sich selber eine Laus in den Pelz gesetzt. Doch das sollte er erst später spüren. Einstweilen nahm er es mit seiner Dienstaufsicht nicht so genau und ließ die Zügel schleifen.

Seinem aufgeweckten Pürschknecht wurde es im warmen Jägerrock zu eng. Er hatte bald heraus, wie er seine Besoldung aufbessern konnte. Er brauchte nur das Wildbret in seinen Geldsack wandern zu lassen. Schießen nach Belieben durfte er zwar nicht. Aber es gab ja noch die lautlose Jagd. Und die beherrschte er meisterlich. Er brauchte nur auf die Wechsel des Wildes Schlingen zu stellen. Diese konnte er bei seinen Dienstgängen unauffällig im Auge behalten und zwischen Dunkel und Siehstmichnicht abernten.

Dass die Geschöpfe der Wildbahn qualvoll ersticken mussten, mochte seine geringste Sorge sein. Mehr bekümmerte ihn, sich nicht erwischen zu lassen. Denn das Schlingenlegen konnte den Jägern nicht lange verborgen bleiben. Es würde uns nicht wundern, wenn der Schlingensteller gemeinsam mit seinem Revierjäger Verpaß gehalten hätte und sich selber habe auflauern helfen.

Über Hasenstabs Abschied aus dem kurfürstlichen Jagddienst ist viel gerätselt worden.

Die einen sehen die Hand des beleidigten Hofrats im Spiel. Die anderen glauben, er sei freiwillig ausgeschieden. Denn er, der bisher nur nach seinem eigenen Kopf gelebt hatte, sei im Dienst aufgefallen wegen Jähzorn und Widersetzlichkeit. Auf die Dauer habe er nicht nach der Pfeife anderer tanzen können. Oder ist wegen der Schlingenstellerei doch ein Verdacht auf ihn gefallen und er musste befürchten, mit Schimpf und Schande davongejagt zu werden?

Wie dem auch sei: Eines Morgens fragt Hannadel bei seinem Revierjäger nicht mehr »deren herrschaftlichen Verrichtungen halber« an. Ohne um Urlaub zu bitten, ist er auf und davongegangen und hat die ganze Ausrüstung seines Herrn mitgehen heißen: Jagdrock und Schnappsack, Büchse und Hirschfänger!

Fahrendes Volk

Jetzt war er der strengen Hackordnung der Jagdverwaltung entronnen, war frei und ledig.

In Rothenbuch allerdings durfte er sich nicht öffentlich blicken lassen, dafür hatte er zuviel Dreck am Stecken.

Den Heimweg zur Mutter hatte er sich selbst verlegt. Die Witwe hätte einen Nichtstuer auch kaum ernähren können. Da zeigte die Freiheit bald ihre Kehrseite. Wovon sollte er leben? Wo hernehmen und nicht stehlen?

Notgedrungen nahm er einen Anlauf bei den Glasbläsern. Im Nachbardorf Weibersbrunn stand eine Glashütte. Die Glasmacher brauchten viel Holz als Brennstoff zur Schmelze und als Asche zur Beimischung. Da hieß es tüchtig hingelangt: Holz hacken und Asche brennen; eine Knochenarbeit wie bei den Köhlern.

Noch lästiger fielen die ständigen Besuche der Forstleute; sie wachten darüber, dass die Aschenbrenner ihr Feuer wohl in Acht nahmen, um Waldbrände zu verhüten. Ein Haar fand sich immer in der Suppe.

Lange hielt er auch in der Glashütte nicht aus. Arbeitsscheu bescheinigt ihm denn auch sein wohlmeinender Chronist.

So fing er wieder den Tag mit Nichtstun an und mit Faulenzen hörte er auf. Als Nichtstuer fand er bald Anschluss an seinesgleichen, an das fahrende Volk.

Die barocke Gesellschaftsordnung, mit dem Fürsten an der Spitze, den Bürgern und Beamten in der Mitte und den Untertanen am Fuße der Pyramide: so festgefügt, wie es heute scheint, war sie nicht. Das herrenlose Gesindel fügte sich in diese gottgewollte Ordnung nicht ein. Auf der Bettelfuhre zogen sie über Land, entwurzelte Handwerker, abgedankte Soldaten, Zigeuner und Betteljuden. Sie hausierten, banden Bürsten, schliffen Scheren und stahlen wie die Raben. Vor diesen Landstreichern war der Nagel in der Wand nicht sicher.

Mit manchem Meister dieser lichtscheuen Zunft wurde Hasenstab da bekannt, lernte Rotwelsch, ihre Geheimsprache, erfuhr, wie man sich durch Zinken und geheime Botschaft verständigt.

Diese Schnappsäcke pflegten nebenher die edle Kunst der Wilderei. Die Obrigkeit weiß, dass sie sich »auff dergleichen verbottenes Wildschiessen gemeiniglich verlegen«.

Sollte Hasenstab noch Wissenslücken gehabt haben, jetzt konnte er sie schließen.

Der Versuchung, gelegentlich ein Stück Wild zu schießen, konnten die Landstreicher kaum widerstehen.

Denn die kurfürstliche Hege zeitigte stolze Erfolge. Als Pürschknecht hatte Hasenstab selber daran mitgewirkt, dass die Wildstände ins Uferlose wuchsen.

Die Untertanen hatten ihre liebe Not mit den Wildmassen. Sie mussten das Wild von ihren Feldern abhalten, durften ihm aber nicht wehtun.

Noch heute erzählen verschmitzte Spessarter den Urlaubsgästen mit todernstem Gesicht, wie ihre Vorfahren alle jagdbaren Hirsche, also vom Zwölfender aufwärts, durch Abnahme der Kopfbedeckung hätten grüßen müssen!

Zur Abwehr des Wildes umgaben die Rothenbücher ihre Flur mit einem Holzzaun. Aber dieser Zaun hielt nur die Sauen fern, die Hirsche konnten darübersetzen.

Damit das Rotwild nicht in die Felder einbrach, die Saat verbiss, die Rüben herausriss und das Getreide zertrat, mussten die Untertanen Nachtwache halten, Reisigfeuer anzünden, die Trommel rühren und Schreckschüsse abfeuern. Nach hartem Tagwerk für die Alten eine zusätzliche Last, aber für die Jugend eine Mordsgaudi. Viel geholfen scheint das Lärmen und blinde Schießen nicht zu haben, das Wild gewöhnte sich daran.

1758 beklagen sich die Steinmarker Bauern »...wenn nur das Wild nicht weiter um sich grasete und den auf unseren Feldern stehenden Samen und Früchte nicht dermaßen teils aufzehrete, teils verderbte, daß mancher unter uns zur Erntezeit nicht soviel davon bringet, als man Samen, Mühe und Arbeit darauf verwendet hat... Wofern diesem Übel nicht bald Einhalt geschiehet, so werden die meisten Steinmarker Untertanen in kurzer Zeit in solche betrüblichen Umstände sich versenket sehen, daß sie Haus und Hof verlassen und mit Weib und Kind den Bettelstab ergreifen werden müssen.«

Als gutwillige Untertanen beschritten die Steinmarker den Weg eines Bittstellers.

Andere handelten auf eigene Faust: Sie griffen eigenmächtig in fremdes Jagdrecht ein, sie wilderten.

Den armen Spessartbauern, der sich und die Seinen mehr schlecht als recht mit Kartoffeln nährte: in der Früh ganze Grundbirnen, mittags Schnitz und abends zur Abwechslung Geröste, brachte der Wildreichtum der Wälder in arge Versuchung. Dass er sich zurückholte, was ihm das Wild vorher weggefressen, war ihm Vorwand genug. Sittliche Begründungen der Wilderei mit germanischem Volksbrauch oder christlichem Gottesrecht überließ er den Gelehrten.

Seit den Wirren des 30jährigen Krieges fehlte es in keinem Spessartdorf an Gelegenheitswilderern. Es ertönte deshalb auch kein Schrei der Verwunderung, als Hasenstab die gestohlene Büchse seines Meisters nicht mehr auf der Scheibe einschoss, sondern in freier Wildbahn führte. Verwunderung erregte schon eher die Frechheit, mit der er zu Werke ging.

Vorerst setzte er sich im Rothenbücher Forst fest. Wo der Hase geheckt ist, da bleibt er!

Als ehemaliger Pürschknecht kannte er die Gepflogenheiten der Jäger genau. Er nutzte die Zeit, wenn der Wald sauber war, etwa zur Mittagsstunde, sonntags während der Kirche.

Ganz sicher fühlte er sich bei Holzterminen und Scheibenschießen. Diese Zeiten kundschaftete er aus, wenn er als Scherenschleifer verkleidet durch die Dörfer zog. Wie die anderen Wilderer auch, hielt er sein Gewehr im Walde versteckt unter Felsplatten, in hohlen Bäumen. Und noch bei stockdunkler Nacht marschierte er in die entlegensten Revierteile, wo er im Morgengrauen pirschen wollte.

Bei solcher Dreistigkeit fiel ihm die Beute geradezu in den Schoß. Und obwohl er nur gelegentlich wilderte, umhüllte damals schon ein gewisser romantischer Dunst seine Gestalt.

Seine sichere Kugel auf flüchtiges Wild, gewagte Schüsse auf weite Entfernung brachten ihm den Ruf eines Scharfschützen. Zwar sind von ihm keine Meisterschüsse überliefert wie vom Bayerischen Hiesel, der stehend freihändig einem Wetterhahn auf dem Kirchturm das Auge ausschoss, doch als Meisterschütze gilt Hasenstab auch heute noch. Seine reiche Strecke beim Wildern – beim damaligen Wildbestand wohl keine Kunst – hielten die abergläubischen Untertanen für Hexenwerk. Hasenstab könne das

Wild an den Platz festbannen, brauche nur hinzulaufen und sich das Feisteste aussuchen – glaubten sie.

Von einem solchen Kunststückchen erzählt der folgende Schwank.

Wie Hasenstab den Hirsch bannt

Dass der Hannadel gewildert hat, das hat kein Mensch gewusst außer allen Leuten. Deswegen hat er sich in Rothenbuch auch nicht mehr blicken lassen.

Aber einmal, den ganzen Tag hat es Bindfäden geregnet, hat er doch zum Aufwärmen ins Wirtshaus gehen müssen.

Er hat seinen nassen Kittel noch nicht über den Herd gehängt gehabt, da sind die Frager auch schon über ihn hergefallen: Wie er es fertigbringt, das Wildbret haufenweise zu schießen, ob er die Rehe anlockt mit einem Hampfel Gras und die Hirsche mit einem Arfel Heu?

Der Hannadel sagt erst einmal gar nichts.

Immer lauter reden die Rothenbücher auf ihn ein; die einen verlangen ein Probestück seiner Schwarzen Kunst, die andern spötteln, damit werde es nicht so weit her sein.

Schließlich haben sie ihm zugeredet wie einem kranken Gaul, und da hat er nachgegeben.

»Holt meinen Stutzen, er liegt im Stall hinter der Viehkrippe!« Umständlich schüttet er Pulver auf die Pfanne und setzt einen tüchtigen Schuss auf

Dann lässt er das Fenster aufmachen und räbert Sprüche, was kein Mensch versteht.

Auf einmal reißt er die Büchse hoch und schießt mitten in die stockfinstere Nacht hinaus.

Wie der Pulverdampf sich verzogen hat, meint er bloß: »Am Bildstöckle liegt der Hirsch! Geht hin und holt ihn!«

Die Leute gehen los, und weiß Gott – am Bildstock liegt ein Hirsch! Die Mannsbilder reißen Maul und Augen auf und vor lauter Kunst und Wunder merken sie gar nicht, dass der Hirsch längst kalt und steif ist wie ein Brett!

Klosterjäger

Zur Abwechslung hatte er diesmal seine eigenen Landsleute geleimt. Sie nahmen es ihm nicht übel, denn jetzt klimperte ständig Geld im Sack des Habenichts. Im Wirtshaus führte er das große Wort und schmiss manche Runde. Und auf dem Tanzboden scheuten ihn die Burschen als den gewaltigsten Raufbold, doch die Mädchen sahen den flotten Tänzer gern, wie sich die Schollbrunner noch heute erinnern. Ein Mädchen hat sich gar in den Prahlhans verguckt, Marianne, die Tochter des Schreckenmüllers im Haselgrund.

Die Vorstellung, wie die schöne Müllerin dem verwegenen Wildbretschützen des Nachts ihr Kammerfensterlein öffnet, hat unseren Chronisten sehr erregt.

Wasser auf die Mühle des wohlhäbigen Schreckenmüllers war das Verhältnis ganz und gar nicht. Und wie er dahinter kommt, hat er dem Habenichts gleich gewiesen, wo der Zimmermann das Loch gelassen hat. Sich ins gemachte Nest zu legen, daraus wurde nichts; die romantische Liebschaft nahm ein prosaisches Ende.

Was die Spatzen von allen Dächern pfiffen, das merkten schließlich auch die Jäger: dass da ein Raubschütz sein Unwesen trieb. Die Rudel schienen vergrämt, ständig schreckte das Rehwild, fremde Fußspuren im Revier, unerklärliche Schüsse mitten in der Nacht – das alles musste den Argwohn der Jäger erregen.

Und wenn der Leithund auch noch Schweiß und Schnitthaar verwies oder ein verscharrtes Gescheide anzeigte, war der Nachweis verbotenen Wildschießens erbracht.

Die Jäger schliefen nicht, Jagdschutz war ihre Hauptaufgabe. Schon die Forstordnung schrieb vor, »den heimlichen Wildbretschützen fleißig nachzustellen«.

Noch weiter ging die Dienstanweisung: Auf alle Jagdfrevel war zu achten, »die Verbrecher aber sogleich anzuhalten und solche zur ordnungsmäßigen Bestrafung dem ihm vorgesetzten Oberstjägermeister anzuzeigen und unverzüglich einzuliefern«.

Vielleicht hat der Müller einen Fingerzeig gegeben – er stand sich gut mit den Jägern –, jedenfalls brachte der Jagdschutz bald Erfolg. Dem naseweisen Hannadel nützte es wenig, sein Gesicht mit Schießpulver zu schwärzen: Eines Tages ertappten die erfahrenen Jäger den Wildfang.

Auf Wilderei stand schwerste Strafe.

Noch bis zu Beginn des Jahrhunderts, letztmals im Jahre 1716, schickte Mainz die abgeurteilten Wildbretdiebe auf die Galeeren der Republik Venedig.

Gemeinsam mit kriegsgefangenen Türken saßen die Sträflinge im Bauch der Kriegsschiffe und ruderten im Dienste der christlichen Seefahrt, angekettet an den Ruderbänken, an jedem Riemen fünf Mann gleichzeitig. Zum Ausgleich ließen die Türken Christensklaven rudern. Als dann der Wind der Aufklärung aus dem ketzerischen Preußen immer stärker in das Erzbistum herüberweht, hören wir von dieser hinausgezögerten Todesstrafe nichts mehr.

Für Wilddiebstahl gilt jetzt die Verordnung aus dem Jahre 1731. Diese Verordnung verhängt für Ersttäter »eine ohnnachlässige ganzjährige Schanzarbeit in Eisen und Banden«.

Wir sind überrascht: Auch zur Schanzarbeit wird Hasenstab nicht verurteilt. Reichten die Beweise nicht aus, konnte man ihm nichts an den Kittel flicken?

Offenbar stand er nur im Verdacht der Wilderei! Aber loswerden wollte man den zwielichtigen Kerl dennoch. Aber wie?

Der regierende Kurfürst Philipp Karl wollte seinen Kleinstaat aus dem gefährlichen Spiel der Großmächte heraushalten. Denn nach dem Tod seines hoch adeligen Vorgängers hatte das Domkapitel die Nase voll von der großen Politik und wählte, um jeder Einmischung der regierenden Häuser zuvorzukommen, in höchster Eile einen Prälaten von niederem Adel, den edlen Herrn von Eltz.

Philipp Karl von Eltz, ein »ächter Bischof«, wahrte zunächst strikte Neutralität, was ihn allerdings nicht daran hinderte, die Festungswerke seiner Hauptstadt Mainz sturmfest auszubauen.

Schließlich – »alt und entkräftet fristet er sein Leben durch strenge Diät und die Kunst der Arzte« – unterlag er doch der habsburgischen Diplomatie. Unter der Hand gestattete er dem Kaiser die Werbung von Soldaten in den Mainzer Landen.

Um die neuen Regimenter aufzustellen, mussten sich die Werber der übelsten Praktiken bedienen. Denn wer daheim sein Auskommen fand, wollte kein schimmeliges Kommissbrot essen, zu zweit in einem Bett schlafen und sich vom Korporalstock das Exerzieren beibringen lassen.

Wenn sich keine Freiwilligen fanden, wurde das Los geworfen. Traf das Los einen Armen, so musste der seine Haut selbst zu Markte tragen. Reiche Bürgersöhne brauchten nicht einzurücken, wenn sie einen Ersatzmann stellten.

Soldaten waren gesucht. Man nahm sie, wo man sie kriegen konnte. Bei ledigen, kriegstauglichen Untertanen genügte der bloße Verdacht auf Wilderei, um sie zum Heeresdienst zu pressen.

Im Falle Hasenstab kamen die Soldatenwerber wie gerufen. Kriegstauglich war er, das hatte er beim verbotenen Wildschießen genügend bewiesen, und ledig obendrein: Kein Weib und keine Kinder fielen dem Armenpfleger zur Last. Ob er dienstwillig war, spielte keine Rolle. Den gemeinen Mann hielt man sowieso für einen Kujon, für einen Kerl ohne Ehre. Solche Leute wurden mit dem Korporalstock gefügig gemacht, selbst im Heer des Alten Fritz.

In Laufach wurde Hasenstab den Werbern übergeben. Denen war der kräftige Rekrut gerade recht.

Um die Geworbenen an der Fahnenflucht zu hindern, wurden sie in Eisen geschlossen und gleich Gefangenen zur Truppe abgeschoben. Aber schon auf dem Marsch ins Werbehaus gelang dem Hasenstab die Flucht – und der Kaiser hatte seinen ersten Soldaten verloren. Aber tief steckte der Schreck dem Fahnenflüchtigen in den Gliedern, so tief, dass er eine sichere Zuflucht suchte. Er fand diese Zuflucht jenseits der Mainzer Landesgrenze, in der Grafschaft Wertheim, im Kloster Bronnbach. Denn nach altem Herkommen besaß das Kloster das Asylrecht, es konnte fremde Übeltäter für eine bemessene Zeitspanne der irdischen Gerechtigkeit entziehen. Vor den Klostermauern endete die Strafverfolgung der weltlichen Gerichtsbarkeit. Und der Abt breitete denn auch seine Kutte schützend über Hasenstab aus.

Das Zisterzienserkloster Bronnbach im Taubertal, unter allen Stiften und Klöstern in der Grafschaft Wertheim war es das reichste.

Ein Staat im Staate, eine Welt im Kleinen, versorgten sich die grauen Mönche selber mit allem, was sie brauchten. Sogar ihre Kranken pflegten sie im eigenen Spital, und ihre Arznei zogen sie im Heilkräutergärtlein. Bei der Krankenpflege konnte Hasenstab sich bald nützlich machen. Hier erwarb er sich Kenntnisse der Heilkräuter, was ihm später von Nutzen sein sollte.

Als Bauernbub musste er jedoch hauptsächlich in der Landwirtschaft mithelfen. Unter Aufsicht des Pater Cellerar bestellte er zusammen mit den Laienbrüdern das Klosterfeld. Die Zisterzienser taten nämlich ihre Feldarbeit selber und spannten keine leibeigenen Untertanen ein wie die anderen Orden. Überall ließ sich der Fahnenflüchtige anstellen, auch im Klosterwald beim Einschlag des Brennholzes.

Die weiträumigen Klosterforste an den Tauberhängen, die fast zur Pforte hineinwuchsen, beaufsichtigte ein Waldschütz aus dem Stande der Laienbrüder.

Unter den wachsamen Augen des Pater Cellerar hat sich Hasenstab offenbar in seinem neuen Dienst bewährt. Denn eines Tages bot ihm der Abt die freie Stelle eines Waldschützen an. Ein beneidenswerter Posten, der Forst mit Jagd verkoppelte, Waldaufseher und Klosterjäger in Personalunion.

Was hat den Abt bewogen? Wollte er in seelsorglicher Güte das verlorene Schäflein zur Herde heimholen? Wollte er den Wildschützen ausschalten durch Beförderung zum Waldschützen?

Ein verlockendes Angebot! Hasenstab steht am Scheideweg!

Die Wilbertsknupper

Ägidi kommt heran,
Da tritt der edle Hirsch hervür,
Sucht sein verliebtes Tier,
Zu stillen sein Begier.
Er ruft und schreit,
Er kämpft und streit,
Sein Plan, sein Plan,
Den hält er fest,
Bis ihn zuletzt
Das Blei darnieder streckt.

Wie Hasenstab dem Junker heimleuchtet

Da ist einmal ein Hofjunker nach Rothenbuch gekommen, der hat sich eingebildet, er bringt allein fertig, was die Jäger miteinander nicht schaffen: den Hasenstab zu fangen!

In aller Herrgottsfrüh bricht er auf, streift den ganzen langen Tag, und nachts kehrt er hundsmüde im Wirtshaus ein.

Der Wirt wartet gleich vom Besten auf, fragt nach woher und wohin und erzählt allerhand Wilderergeschichten. Da wird's dem Junker wieder wohler. Nach und nach kommen Leute in die Stube, der Junker hält sie alle frei, es gibt eine fidele Sauferei.

Hoch ist es hergegangen, der Junker schwadroniert und seine Zechgenossen wollen ihm helfen, den Lumpen morgen einzufangen. Und wie der Junker, halber besoffen, das Maul recht voll nimmt, da steht der Wirt auf und stellt sich hin: »Wenn Ihr den Hasenstab festnehmen wollt – da bin ich!«

Dass es ernst wird, kennt der Junker gleich; und wie er bei seinen Saufkumpanen Beistand sucht, ist er bald wieder nüchtern: Alle entpuppen sich als Spießgesellen des Erzwilderers!

Jetzt muss der ehrenfeste Junker die Zeche bezahlen: Sein Gewehr muss er abliefern und den Hirschfänger dazu.

Und vor er ihn zum Teufel jagt, schenkt Hasenstab noch einmal ein. »Trinkt! Es soll mir keiner nachreden, ich wäre ein schlechter Wirt gewesen!«

Ein neues Revier

Lange hat er es nicht ausgehalten im goldenen Klosterkäfig, der lose Vogel.

So begehrenswert die Klosterjägerstelle auf den ersten Blick schien, in der Ordensregel steckte der Pferdefuß!

Er hätte in den Orden eintreten, sich eine Tonsur scheren lassen und die Kutte überziehen müssen. Auch als Laienbruder hätte er nach der Regel des heiligen Benedikt die ewigen Gelübde ablegen müssen: Armut, Gehorsam und Keuschheit.

Armut vermochte der Habenichts leicht zu geloben, an Gehorsam hätte er sich vielleicht noch gewöhnen können, doch zu ewiger Keuschheit fühlte er sich ganz und gar nicht berufen.

So nahm er denn eines Tages das »Ite missa est« wörtlich, packte die Kutte ein und verschwand ohne »Deo gratias« aus dem Kloster.

Die Chronisten haben sich die Köpfe zerbrochen, warum Hasenstab zum Wilderer wurde. »Unbändige Jagdleidenschaft« allein reicht als Begründung nicht aus, denn als Pürschknecht in Rothenbuch wie als Klosterjäger in Bronnbach hätte er jagen können nach Herzenslust. Der Hang ihres Helden zum Nichtstun, seine Unfähigkeit, sich gesellschaftlich einzuordnen, mussten ihn auf die Bahn eines gemeinen Verbrechers führen. Das will den Herren nicht einleuchten. »Er konnte einfach nicht anders«, meint der Chronist treuherzig!

Nach Rothenbuch mochte Johann Adam freilich nicht mehr heim. Dort wimmelte es von Grünen; außerdem hätte er seine Vettern in arge Verlegenheit gebracht, die beiden Hasenstäbe im kurfürstlichen Dienst.

Er suchte sich ein neues Revier, ein Gelände, das er von der Jagdfron her und auch vom Fensterln schon kannte: die weiten Wälder um Haselgrund und Kropfbachtal, wo die Forsten von Bischbrunn, Altenbuch und Rohrbrunn aneinanderstoßen, im Herzen des Spessarts – wo heute die Autobahn über die Haseltalbrücke hinüberdonnert.

Doch um landschaftlichen Reiz ging es ihm mitnichten; ihn entflammte, was mühelosen Gewinn versprach, ihn lockte der Wildreichtum.

Uralte Eichenbestände, bürstendichte Buchenrauschen und graswüchsige Wiesentäler boten dem Hochwild saftige Äsung, fette Mast und ruhigen Einstand.

Mit Kennerblick hatte er den wildreichsten Teil im ganzen Hochspessart ausgewählt. In den Kellereirechnungen können wir nachlesen, wie der Bischbrunner Jäger Jahr für Jahr das höchste Schussgeld von allen seinen Kollegen bezog. Wegen des hohen Wildstandes hatte das kurfürstliche Jagdamt um das Jahr 1730 im Südteil des Spessarts einen meilenweiten Zaun gebaut. Die Nordseite blieb offen, denn das Wild sollte nicht in einen Park eingeschlossen, sondern nur am Auswechseln in die angrenzenden Würzburger und Wertheimer Wildbahnen gehindert werden. Diese Sperre führte mitten durch das Bischbrunner Revier.

Von diesem Reichtum holte Hasenstab sich seinen Teil. Was er bisher nur gelegentlich gewagt hatte, dem Wild heimlich nachzustellen, das tat er nun regelmäßig. Und weil sein Frevel ungestraft blieb, leitete er sich mit der Zeit ein Gewohnheitsrecht ab.

Ein rechter Wilbertsknupper war er geworden.

Das Wort »knuppen« bedeutet im Fränkischen soviel wie stoßen, schlagen, im übertragenen Sinn auch totschlagen, totschießen. Spätere Erzähler mit romantischem Hang haben, der Mundart nicht mächtig, den bäuerlichen Wilddieb zum »Wildbretsknappen« geadelt.

Dieser Edelmann fand Zuflucht bei seinesgleichen, beim herrenlosen Gesindel. Denn in den Höfen der Untertanen mochte er sich nicht häuslich niederlassen, saß doch beinahe in jedem Dorf ein Jäger oder Forstknecht.

Beim fahrenden Volk tauchte er unter, und was er an Spitzbübereien noch nicht wusste, das lernte er jetzt. Scherenschleifer verbanden ihn mit der Außenwelt, Bürstenbinder beschafften Pulver und Blei, Hausierer baldowerten aus, wann die Luft sauber war. Doch ohne Gefahr ging das nicht ab. Denn die Husaren und reitenden Förster hatten strengen Befehl, diese verdächtigen Landstreicher, »der Herrschaft ohnedem nichts einbringend, den Gemeinden nur zur Last fallend«, zu überwachen, und wer keinen Pass in Händen hielt, sofort auszuschaffen und des Landes zu verweisen.

Auf das fahrende Volk war also nicht unbedingt Verlass. Wichtige Geschäfte musste Hasenstab selber erledigen.

Er tat dies verkappt, inkognito. Verkleidet durfte er sich in der Öffentlichkeit frei bewegen. In der Tracht eines Baders zog er über Land, mit dem Arzneikasten auf dem Buckel.

Das Grundwissen in der Heilkräuterkunde hatte er sich im Kloster Bronnbach erworben. Er besaß, wie der Chronist rühmt, »ausgezeichnete Kenntnisse von den Kräutern in Feld und Wald und wusste Rezepte für heilsame Tränklein, die er unters Volk brachte«.

Die Leute misstrauten der Schulmedizin; ein studierter Doktor hätte verhungern können. Sie glaubten an die Volksmedizin, an die Heilkraft von Kräutern und Wurzeln. Gegen jeden Wehdam sei ein Kraut gewachsen, man müsse es nur kennen. Hasenstab führte in seinem Kasten allerhand Heilsam gegen die Volkskrankheiten seiner Zeit: gegen Gicht und Krätze, Herzdrücken und Engbrüstigkeit. Er hielt alle möglichen Wildfette feil, Rehfeist und Hirschunschlitt, Dachsweiß und Hasenschmer, auch sattsam probierte und wunderbarlich helfende Mittel gegen Ungeziefer und Viehsterben. Wegen seiner Heilkünste wurde er von weither zu den Kranken gerufen. So kam er unverdächtig mit den Leuten ins Gespräch – und konnte nach Belieben Kundschaft einholen und Botschaft austragen.

Der zuständige Jäger, in dessen Revier Hasenstab sich eingenistet hatte, saß in Bischbrunn, einem kleinen Spessarter Straßendorf. Politisch zählten die 250 Untertanen zum Erzstift Mainz, doch als Grenzbewohner sprachen sie mainfränkische Mundart. Sie stammten nicht wie die Rothenbücher von zusammen gewürfelten Jagdfrönern ab, sondern von ostfränkischen Rodungsbauern. Ihre Flur hatten sie gegen Wildschäden mit einer Trockenmauer aus Feldsteinen eingefriedet. Eichene Plankenzäune wie in Rothenbuch durften nicht mehr aufgestellt werden, seit die Herrschaft bemerkt hatte, dass die Untertanen mit Vorliebe dazu die leicht spaltbaren Holländerstämme hernahmen.

Ein alter Bekannter

Wenn wir in den Kellereirechnungen nachschlagen, wie der seinerzeitige Jäger in Bischbrunn hieß, halten wir den Atem an – Josef Sator! Bereits um das Jahr 1730 ist er als Jäger und Besuchsknecht nach Bischbrunn versetzt worden. Josef Sator stammt aus dem ersten Kurmainzer Jägergeschlecht, alter Jägeradel sozusagen, und bedeutender noch als die später hochgekommenen Mantel.

Ein humanistisch angehauchter Vorfahr hatte seinen schlichtdeutschen Namen »Schneider« latinisiert auf Sartor, bis sich schließlich die Schreibweise Sator durchsetzte.

In Bischbrunn wird Josef zum Stammvater des berühmtesten Zweiges der Sippe Sator. Mehr als ein Jahrhundert, bis ins dritte Glied sollten seine Nachkommen das Jäger- und Försteramt in dem Spessartdorf innehaben.

Josef Sator wohnt im herrschaftlichen Jägerhaus, sein zweistöckiger Fachwerkbau überragt weit die geduckten Schindeldächer der Untertanen. Er befehligt zwei Pürschknechte, deren einer im alten Torhaus an der Poststraße, der andere in Kropfbrunn oberhalb des Kropfbachtales haust. Josef Sator selber ragt aus dem Kreis der gemeinen Jäger hervor. Als Besuchsknecht übt er ein Ehrenamt aus: Bei der Parforcejagd hat er mit dem Leithund den Hirsch zu suchen, dessen Alter und Stärke dem Jagdherrn zu melden, den Hirsch aus der Dickung zu drücken und anzuhetzen.

Eine verantwortungsvolle Sonderaufgabe. Aber gelingt die Jagd, kann der Leithund die Fährte halten und liegt am Ende der Hatz der richtige Hirsch auf der Strecke, dann darf sich der Besuchsknecht in der Gnade seines allerhöchsten Jagdherrn sonnen.

Bald fühlt sich der alte Sator seiner ehrenvollen Aufgabe nicht mehr gewachsen; er resigniert zugunsten seines Sohnes Michael.

Doch Michael bleibt nicht lange. Im Jahre 1746 wird er nach Rothenbuch versetzt, der dortige Jäger geht nach Krausenbach und der Krausenbacher Jäger Matthes Sator folgt seinem Bruder in Bischbrunn. Ein merkwürdiger Ringtausch! Als Matthes mit 42 Jahren ins Vaterhaus heimkehrte, hatte er sich im Dienst bereits bewährt, als Jäger wie als reitender Förster.

Reitende Förster gab es deren sechs im Spessart. Früher hatten sie die fußgehenden Förster zu beaufsichtigen, aber jetzt beritten sie nur noch die Poststraße während der Messzeiten. Auch als er diesen Posten seinem Bruder abtrat, blieb Matthes mehr als ein gemeiner Jäger. Er übernahm wie sein Vater das Ehrenamt eines Besuchsknechtes.

Matthes Sator trat kein sorgenfreies Amt an. Die Stelle war belastet, belastet mit einer Hypothek namens Hasenstab. Der Zögling seines Vaters bewies eine unzertrennliche Anhänglichkeit an die Familie Sator, die Anhänglichkeit einer Laus.

Und dass eine hungrige Laus ärger beißt als der Teufel, verspürte Matthes am eigenen Leib.

Die Rotten Schwarzwild nahmen ab, die Rudel Rotwild lichteten sich. Matthes Sator ärgerte sich, dass da einer erntete, wo andere gesät hatten.

Zu heller Wut reizte ihn jedoch das unwaidmännische Vorgehen seines stillen Teilhabers. Nachsuchen auf krank geschossenes Wild kannte der nicht. Stücke, die noch absprangen und nicht im Feuer blieben, gab er gleich verloren. Denn der verräterische Schussknall rief die Jäger auf den Plan. Wild mit aufgetriebenem Bauch verluderte allenthalben auf den Spuren des Schinders.

Der neuaufgezogene Bischbrunner Jägersmann packte mit Diensteifer seine Aufgabe an.

Matthes Sator suchte dem Verbrechen nach Kräften vorzubeugen. Er hielt Verpaß am Waldrand, wachte an den Wegekreuzen.

Er täuschte die Spitzel, die ihn auf Schritt und Tritt belauerten, ging zur Unzeit ins Revier: sonntags, nachts, bei Wind und Wetter.

Matthes Sator tat das übliche, und das langte nicht, einen Meisterwildbretschützen zu fangen.

Im Gegenteil, Hasenstab trieb sein Unwesen immer dreister. Schonzeiten kannte er keine, für ihn zählte das Jahr 365 Jagdtage. Und schoss was Haare hatte. Rücksicht auf Mutterwild nahm er nicht, er brannte los auf die Bache in der Rotte, er legte das hochbeschlagene Alttier auf die Decke.

Diese Schattenseiten der Wildererromantik übergehen die Chronisten mit Stillschweigen.

Nicht um das Wild ging es ihm, sondern um Wildbret, nicht um Jagd, sondern um Geld. Geschäftstüchtig verstand er, das Wildbret zu versilbern; ja er zog ein regelrechtes Geschäft auf, ein Ernteunternehmen sozusagen.

Da waren zuvörderst die laufenden Unkosten zu decken, Ausgaben für Pulver und Blei, für Unterkunft und Verpflegung. Umsonst konnte auch er nicht leben bei den Bauern. Auch seine Beute, eine zentnerschwere Sau, einen jagdbaren Hirsch, konnte er nicht pfundweise aus dem Wald tragen. Er musste das Wildbret abholen lassen. Bei einer unverdächtigen Waldfahrt warf der Bauer das Wild auf den Leiterwagen und barg es unter Gras oder Rechtholz. Für den gefährlichen Dienst wollten die Helfershelfer entlohnt werden. Hasenstab vergalt reichlich in seiner Währung, in Wildbret.

So blieb denn der Löwenanteil seiner Beute in den Händen der Untertanen hängen.

Den Rest verkaufte Hasenstab an seine Stammkundschaft, an Unterkäufer, Gastwirte, Pfarrer.

Im wildreichen Spessart litten die Wirte Not an Wildbret.

Die kurfürstlichen Jäger mussten alles Wild an die Hofhaltung nach Aschaffenburg und Mainz liefern. Und was die Höflinge nicht verzehrten, ging mit dem Marktschiff ab in den Frankfurter Handel.

Auch manchen Pfarrer mag kein böses Gewissen gezwickt haben, wenn er wohlfeil ein Stück Wildbret erwarb. Als Ökonomiepfarrer, die nebenher eine Landwirtschaft betrieben, ärgerte sie der hohe Wildstand ebenfalls.

Einen willkommenen Nebenverdienst brachte der Verkauf der Häute, ein begehrter Rohstoff. Hasenstab verhökerte seine Decken, Schwarten und Bälge an Vorkäufer, meist Wirte und Juden, oder auch unmittelbar an die Weißgerber und Lederbereiter und erlöste manchen schönen Batzen Geld.

Was andere nur beiläufig trieben, zog Hasenstab gewerbsmäßig auf. Und sein Weizen blühte, sein Geschäft florierte, er lebte wie der Vogel im Hanfsamen. Ein Berufswilderer, das war unerhört im Spessart. Den Bauern kam das gelegen. Einer war aufgestanden und traute sich, was sie selber nicht wagten. Ein rechter Wilbertsknupper, ein Nothelfer wider die Wildschäden.

Die Bauern lassen ihn sein unehrliches Gewerbe nicht spüren, nein, sie halten ihn in Ehren.

Die Burschen rechnen ihm hoch an, wenn er sich zu ihnen an den Wirtshaustisch setzt und Karten spielt. Und Hasenstab lässt sich nicht lumpen! Er lässt vom Besten auftragen, gibt große Zechgelage und hält die Dörfler frei.

Ein sauberes Pärchen

Ein wildes Leben, ein Leben aus dem Vollen. Zu seinem Glück fehlt dem Hannadel nur noch ein Weib. Sicher, eine Beischläferin findet der Schürzenjäger allerorten. Doch seit der Abfuhr bei der Müllerstochter weiß er, dass ein ehrliches Untertanenmädchen für ihn als Ehefrau nicht zu haben war.

Auch in dieser Not sprangen Landstreicher in die Bresche.

Er lernt Eva Maria kennen, die Tochter des fahrenden Geschirrwarenhändlers Werner aus Winzenhol.

Die Bekanntschaft wächst über die übliche Liebelei hinaus, er führt Eva Maria zum Altar. Bei der Hochzeit hapert es am kirchlichen Segen. Kein Kurmainzer Pfarrer darf den Malefizwilderer trauen. Aber der hat auch noch als Fahnenflüchtiger Dreck am Stecken. Kein Soldat durfte vor Ablauf seiner Dienstzeit sich verehelichen, kein Pfarrer ihn ohne Militärabschied kopulieren.

Hasenstab wird dieses Ehehindernis ausgeräumt und im Ausland geheiratet haben. Dass er dabei das Recht verspielte, sich jemals wieder im Inland niederzulassen, mag ihn wenig angefochten haben.

Ein sauberes Pärchen, schöner hätten es die Kracken nicht zusammentragen können.

Aus Eva Marias Heiratsgut konnte der Herrgott die Welt erschaffen! Wozu auch eine bürgerliche Aussteuer? Sie brachte eine viel wertvollere Mitgift in die Ehe, einen wunderbaren Ring mit blauem Stein. Dieses Kleinod hatten ihr die Wassernonnen von Weibersbrunn in einer Johannisnacht geschenkt. Ein zauberhafter Ring, wer bei Gefahr daran drehte, vermochte sich zu tarnen, unsichtbar zu machen. Er sollte dem Bräutigam dereinst gute Dienste leisten.

Sagen von Wasserweibern werden in ganz Franken erzählt. Sie leben in Brunnen, lieben die Geselligkeit, kommen gern zu den Festen der Menschen und tanzen an Kirchweih mit den Burschen. Den Sonntagskindern schenken sie einen Ring; wer daran rückt, hat einen Wunsch frei.

Gerade im Spessart lebte der heidnische Volksbrauch lange nach. Bis herauf in unsere Tage fürchtete sich der Spessarter vor Gespenstern, Zwergen, feurigen Männern. Wir wollen's ihm nicht verübeln, glaubte doch sein Landesvater selber noch an Hexen.

Hasenstab wusste diesen Aberglauben auszunutzen. Es konnte ihm nur recht sein, wenn Ehrfurcht vor seinen übernatürlichen Kräften im Volk aufkeimte. Wer Wild bannte, vermochte mehr als Brot essen.

Auch die Werwolfgeschichte feierte Urständ, sah man doch mit eigenen Augen, wie die Wölfe diesen Mann scheuten. In den

Spinnstuben flüsterten die Weiber einander ins Ohr, wie er bei Sackenbach einen kapitalen Wolf an den Platz gebannt, mit bloßen Händen erwürgt und an einen Apfelbaum genagelt hat.

Noch mehr bewunderten die Leute seine Treffsicherheit ohnegleichen. Er schien unfehlbar, seine Kugeln trafen immer, und wenn er blind schoss.

Mit rechten Dingen konnte das nicht zugehen. Nur ein Freischütz fehlte nie, einer, der den Blutpakt mit dem Teufel geschlossen und seine Seele verpfändet hat.

Diesem Aberglauben war die Spitze zu bieten, vor den Augen der Untertanen mussten die Zauberkunststückchen des Erzwilderers als Lug und Trug entlarvt werden.

Matthes Sator verdoppelte seine Streifengänge, gab acht auf Landstreicher, überprüfte alle Wildbretesser, behielt die Wirtschaften im Auge. Er beschattete die Spione und setzte selber Spitzel ein. Und den Jägern gelang ein Streich. Sie fanden den Schlupfwinkel des jungen Paares in einer abgelegenen Waldhütte – wenn auch die Vögel bereits ausgeflogen waren.

Lange hatte das häusliche Glück nicht gedauert. Hasenstab musste seine Frau ihrem Schicksal überlassen. Eva Maria nahm ihr lediges Zigeunerleben wieder auf und zog mit dem Handkarren über Land. Sie verhökerte allerhand Kurzwaren und bot feil, was sie von der Mutter geerbt: Heilkünste und Wahrsagerei.

Die Leute wollten es mit ihrem Mann nicht verderben und öffneten ihr allerorts die Tür. So schlug sie sich selbständig durchs Leben, und nicht nur das: Sie leistete ihrem Mann unschätzbare Dienste als Kundschafterin. Als Landfahrerin schnappte sie auf, wann ein Jagen angesetzt, wann ein Schlag gegen ihren Herrn und Meister geplant war.

»Als sie ihrer schweren Stunde entgegensah, übersiedelte sie zu ihrer Schwiegermutter. Sie genas eines Knäbleins, das sie in der Obhut der Großmutter ließ, als sich bei ihr der alte Wandertrieb regte«, erzählt der Chronist.

Die Jäger hatten nur einen Scheinerfolg errungen. Der Raubschütz klopfte wieder an bei Wirten und Bauern, bei Köhlern und

Glasbläsern, bei Schiffern und Flößern auf dem Main. In diesen Schlupfwinkeln war ihm nicht beizukommen. Den Jägern gingen jetzt die Augen auf, mit welcher Tücke Hasenstab sein Wildererrevier um Haselgrund und Kropfbachtal ausgewählt hatte, wo die drei Forsten zusammenstießen. Bei einem Schussknall – entweder liefen die Jäger dienstbeflissen auf den Schuss eines Kollegen zu – oder es fühlte sich aus Angst vor blindem Alarm keiner der drei zuständig.

Der Malefizwilderer machte sich jetzt sogar seinen Spaß daraus, das für den Kurfürsten höchstpersönlich herangehegte Wild wegzupürschen, grobe Keiler und jagdbare Hirsche.

Die Jäger knirschten mit den Zähnen. Selber durften sie kein Stück schießen ohne Erlaubnis. Alles Wild wurde für die Schweinshatz und das Hirschfeistjagen herangehegt.

Bei der Hofjagd – wie standen die Jäger da vor ihrem Kurfürsten?

Wann Lustjagden angeordnet

Diese Hofjagden entfalteten eine unerhörte Pracht und Herrlichkeit.

Denn auf dem Heiligen Stuhl zu Mainz saß jetzt der Reichsgraf Friedrich Karl von Ostein, ein wohlbeleibter, sinnenfroher Herr voller Jagdleidenschaft. Nach dem Tod seines asketischen Vorgängers Philipp Karl von Eltz im Jahre 1743 hatte er als 54jähriger Domkustos die Hand nach der fetten Mainzer Kirche und ihren jährlich anderthalb Millionen Gulden ausgestreckt: mit weltgeschichtlichen Folgen. Sofort nämlich rückten die Engländer, Österreichs Bundesgenossen, im Erzstift ein, um die Wahl auf den habsburgfreundlichen Ostein zu lenken. Trotz der pragmatischen Sanktion war der österreichische Erbfolgekrieg ausgebrochen.

Die Franzosen traten den Engländern in den Weg, wurden in der Schlacht bei Dettingen geschlagen und über den Rhein zurückgeworfen.

Ostein wird gewählt und nimmt den Titel an:

»Ihro kurfürstliche Gnaden zu Mainz, der Hochwürdigste Fürst und Herr, Herr JOANNES FRIDERICUS CAROLUS, des Heiligen Stuhls zu Mainz Erz-Bischof, des Heiligen Römischen Reichs durch Germanien Erz-Kanzlar und Churfürst, auch Bischof und Fürst zu Wormbs«.

Ostein blieb noch 20 Jahre auf dem Heiligen Stuhl zu Mainz sitzen. Zwei Jahre nach seiner Stuhlbesteigung krönte er in Frankfurt Franz I. zum deutschen Kaiser; der Kaiserin Maria Theresia,

die zu Wasser zur Krönung reisen wollte, gönnte er sein bequemes Jagdschiff.

Dann verabschiedete er sich von der Weltgeschichte. Die Reichsgeschäfte überließ er dem Vizekanzler.

Lieber hielt er in seinem eigenen Land Hoflager in Pracht und Herrlichkeit.

Und zum höfischen Leben gehörte nun einmal die Hofjagd, so gut wie Zopf und Mätressen.

Gleich beim Antritt seiner Regierung lächelt ihm Diana zu. Er erlegt einen Zwanzigender im Rothenbucher Forst. Dieser sowie ein Vierzehnender aus dem Waldaschaffer Forst hängen heute im Schloss Erbach als ein kümmerlicher Rest der berühmten Sammlung von »Hirschköpf« im Johannisburger Hirschsaal.

Beide Hirsche hatte der Fürst bei eingestellten Jagden geschossen.

Diese eingestellten Jagden waren den Franzosen nachempfunden, genauso wie Sprache und Lebensart. Und wenn diese Hofjagden immer noch Schweinshatz und Hirschfeistjagen hießen, mit alter deutscher Jagd, mit Ritterlichkeit und Waidgerechtigkeit hatten sie nicht das Geringste zu tun. Auf Massenstrecken kam es an und auf ein effektvolles Totschießen gehetzten Wildes.

So bequem und gefahrlos die Herren Kavaliere das Wild auch abknallen mochten, ein eingestelltes Jagen von gut und gern zwei Wochen Dauer vorzubereiten und durchzuführen forderte von den Jägern unendliche Mühe, geradezu eine Generalstabsarbeit.

Seine Exzellenz, der Herr Obristjägermeister, leiteten die Jagd. Doch die Hauptarbeit lastete auf den Schultern des Oberjägers, ob es ein sommerliches Hirschfeistjagen oder eine winterliche Schweinshatz galt, ob die Jagd langfristig ausgeschrieben oder jählings angesagt war. Ausdrücklich schreibt seine Dienstanweisung vor:

»Wann Lustjagden angeordnet, hat er bei dem Obristjägermeister der erste und letzte zu sein, alles auf dessen Befehl anordnen zu helfen.«

Der Oberjäger ließ die Sauen mit »Grundbirn« anfüttern, um sie im Revier zu halten, er ließ die vorgesehenen Treiben zuhängen, damit kein Rindvieh vor die Schützen lief, er befahl dem Jagdsekretär, das Zeugjagen auszuschreiben, und hieß den Jagdboten, bei Tag und Nacht die Untertanen zur Fron aufzubieten. In jedem Dorf war ein Jagdschultheiß bestellt. Er teilte die Hand- und Spanndienste ein, stellte die Mannschaft den Jägern vor und achtete darauf, dass die aufgebotenen Fröner ihren Dienst versahen.

Die Untertanen spannten ihr eigenes Zugvieh vor die herrschaftlichen Zeugwägen. Die Ortschaften vor dem Spessart führten das Jagdzeug aus dem Aschaffenburger Zeughaus bis nach Heimbuchenthal ans Herrenbild. Den Spanndienst bis zum Jagdplatz übernahmen die Dorfschaften im Spessart.

Das Jagdzeug hütet der Oberjäger wie seinen Augapfel. Er führt Buch über Zu- und Abgang, lässt es trocken halten und die zerrissenen Tücher vom Zeugschneider flicken.

Hat doch für die Anschaffung des Jagdzeugs der Jude sage und schreibe 40.000 Gulden verlangt. Aus bestem Straßburger Zwilch sind die Tücher gewebt und auf Rollen gewickelt; jede Rolle 160 Schritt lang. Mit dem Jagdzeug soll das getriebene Wild eingefangen werden.

An einem günstig gelegenen, ebenen Platz rollen die Fröner die Tücher aus, spannen sie auf im Geviert und stellen eine ausbruchsichere Kammer auf. Die eine Seite bleibt offen.

Unterdessen treibt eine Unmasse von Treibern – der ganze Spessart ist aufgeboten – das Wild aus weitem Umkreis auf die offene Seite der Kammer zu.

Tag für Tag werden neue Abteilungen abgetrieben, bis sich die Rudel und Rotten haufenweise in der Kammer sammeln.

Damit das Wild nicht ausbricht, wird die offene Seite mit Tuch- und Federlappen abgesperrt. Des Nachts halten die Fröner Wache und schüren Feuer, damit das Wild nicht durch die Lappen geht.

Durch sorgfältige Vorsuche wissen die Jäger genau, wie viel Wild im Jagen steht. Ist genug Wild eingekammert, befiehlt der Obristjägermeister, die Kammer zu schließen.

Jetzt wird der geschlossene Raum verkleinert und mit Tüchern durchstellt. Nach wiederholter Durchstellung steht schließlich das Wild auf kleinstem Raum zusammengepfercht: Es steht so eng wie das Vieh im Stall.

Nach den Kosten fragt keiner. Die weltlichen Fürstenhöfe trieben es noch toller, so toll, dass der Alte Fritz schimpfte:

»Gradheraus, die Jagd ist von allen Vergnügungen die, so den Fürsten am allerwenigsten ansteht. Mögen sie Glanz und Pracht zum besten geben, wo das Volk etwas davon hat.«

Nichts hatte das Volk von der Hofjagd. Die Untertanen drückten sich denn auch von der Fron, kamen zu spät, schickten »ein Haufen untüchtigen Gesindleins als Kinder und geringe Knaben«, andere liefen vor dem Abblasen davon, ließen Zeug und Stellstangen liegen oder stahlen die Windleinen.

Beim geringsten Anlass konnte der passive Widerstand zu hellem Aufruhr auflodern, wie am 29. November 1732 bei dem großen Schweinsjagen im Rothenbücher Forst. Da waren die Fröner aus den Ämtern Lohr, Prozelten, Rothenbuch und vor dem Spessart noch während der Jagd davongelaufen, hatten das Zeug »bei dem sehr wilten Wetter zum Verderben« stehen lassen; in den Wirtshäusern, wo sie »durch Trinken und Spielen in Liederlichkeit die Zeit consumiert haben«, unterstanden sich einzelne sogar, »die Jäger mit Schlägen zu tractieren«.

Lex Hasenstab

Für die aufsässigen Untertanen treibt Hasenstab kein unehrliches Handwerk. Stellvertretend für sie führt er den Kampf gegen feudale Willkür. Nicht mehr auf eigene Faust wildert er, sondern gleichsam in einem höheren Auftrag, im Namen des Volkes.

Die Welle der Volksgunst schwemmt ihm Gesinnungsgenossen zu, Landstreicher, fahnenflüchtige Soldaten. Er gründet eine regelrechte Bande.

Die Lumpengesellschaft hebt den Hasenstab auf den Schild. Felsenfest glauben sie an sein Glück. Der junge Hauptmann beweist Führertalent. Geschickt kommandiert er seine Waldbrüder, verschafft sich handgreiflich Respekt. Keiner darf die Bauern bestehlen.

Jetzt knuppt er das Wildbret mit unerhörter Bosheit. Nicht mehr im Dunkeln, ein Tuch vors Gesicht gebunden, nein, am helllichten Tag und in aller Öffentlichkeit. Die Schwarzschützen wüten in der Wildbahn, ärger als ein Rudel Wölfe. Unerschöpflich scheint der Spessarter Wildreichtum.

Und dennoch stoßen sie an die Grenzen dieses Reichtums. Der Kurfürst fürchtet, dass der Frevel »zu gänzlicher Vernichtung der kurfürstlichen Wildbahn führe«, der Obristjägermeister tobt, der Oberjäger macht Dampf. Doch die Jäger stehen im Kampf allein. Schon die Wildereiverordnung von 1731 klagt, dass die Wilderer sie »aus Verrichtung ihrer Diensten vermessentlich zu vertreiben, ja Feuer auf sie zu geben und selbe gar tod zu schießen sich unterstehen«.

Der barmherzige Erzbischof von Eltz hatte seinen Jägern die Hände gebunden. Sie durften die Schusswaffe nur im äußersten Notfall gebrauchen, nur gegen »die auf frischer Tat angetroffenen Jagdfrevler, im Fall sie sich nicht gefangen geben oder gar zu feuern sich gelüsten lassen«.

Gebrauch der Schusswaffe nur in Notwehr, eine Bestimmung, wie sie sinngemäß auch heute gilt und wie man sie im despotischen 18. Jahrhundert nicht erwartet hätte.

Mit Raubschützenbanden konnte sich der einzelne Jäger erst recht nicht anlegen. Für diesen Fall musste er dem Obristjägermeister Meldung machen. Der gab ihm dann »hinlängliche Mannschaft bei, dergleichen schädlich Volk einzufangen und aus diesseitigen Forsten zu vertilgen«.

Einem Hauptwildbretdieb wie Hasenstab war damit nicht beizukommen. Denn bis die hinlängliche Mannschaft eintraf ...

Missfällig muss Kurfürst von Ostein vernehmen, dass das Mandat seines Vorgängers christmildesten Gedächtnisses nicht mehr beißt, »daß sich ungeachtet der bisherigen Verordnung die Anzahl der Wildbretdiebe nicht allein nicht mindere, sondern von Tag zu Tag mehr anwachse«. Dieses fürstliche Missfallen scheint auf Hasenstab zu zielen, denn kein anderer wütete in jenen Tagen so mörderisch in der Wildfuhr.

Zornig erlässt der Kurfürst im Jahre 1749 eine neue Wildereiverordnung mit drakonischen Strafen. Bei der bloßen Strafverschärfung bleibt es nicht, Sippenhaft wird eingeführt.

Wenn der Frevler keinen Schadensersatz leisten kann, wird auch das Vermögen seines Weibes meistbietend versteigert – »als ohne deren Wissen sothane Laster sich nicht wohl verüben lassen«.

Und wenn der Häftling nach Verbüßung seiner Strafe auf ewig des Landes verwiesen wird, alsdann »auch des Delinquenten Frau und Kinder demselben zu folgen und das Erzstift zu räumen angehalten werden«.

Auch dieser Passus scheint auf Hasenstab und seine Mitwisserin Eva Maria gemünzt.

Die neue Verordnung fruchtet. Die Jäger greifen durch und nehmen Hasenstabs berüchtigtsten Spießgesellen fest, den Hirschhörner-Henrich.

Der Hirschhörner-Henrich

Der ärgste Wilbertsknupper aus dem Hasenstab seiner Bande war der Henrich aus Krommenthal. Für den waren die stärksten Hirsche gerade gut genug, die Hirsche, die der Kurfürst selber hat schießen wollen.

Aber eines Tages haben ihn die Jäger verwischt, gerade wie er einen Hochgeweihten aufgebrochen hat.

Der Kurfürst selber hat ihn ins Gebet genommen und verhört, wie viel Stück Rotwild er in seinem Leben wohl schon gefrevelt hat.

»Wenn Ihr sie paarweise aufstellt, Hochwürdigster Herr, dann werden sie gerade langen vom Kirchhof in Wiesthal bis zu meinem Hof in Krommenthal.«

Der Kurfürst hat das Wildererlatein ungnädig aufgenommen – die zwei Dörfer liegen eine gute halbe Stunde auseinander – und hat dem Henrich das Hirschgeweih auf den Kopf gesetzt. Mit dem Geweih auf dem Kopf hat er jahrelang schanzen müssen und bei den Hofjagden ist er öffentlich vorgeführt worden.

Der dickkopfige Henrich ist unter dem Gewicht nicht zusammengebrochen, aber vom Wildern war er kuriert.

Sein Geweih ist er auch wieder losgeworden, aber seinen Spitznamen hat er behalten: Hirschhörner-Henrich.

Das Schauermärchen vom aufgesetzten Hirschgeweih – der Hirschhörner-Henrich verspürt die bittere Wahrheit als erster am eigenen Leib. Die neue Verordnung droht den Wildbretdieben ausdrücklich, »zum Merkzeichen ihres begangenen Exzesses mit aufgesetzten Hirschgewichtern an Pranger gestellt« zu werden.

Eine eigene Wildererkappe hatten die Rechtspfleger ersonnen, ein eiserner, innen gepolsterter Kopfreif, woran die beiden Geweihstangen geschmiedet waren.

Für die gebildeten Jagdgäste eine feinsinnige Allegorie, ein deutscher Aktäon!

Das Kopfgeld

Den Hirschhörner-Henrich hatten die Jäger glücklich unter der Haube – aber sein Hauptmann sprang immer noch frei herum.

»Suchten sie ihn im Wald, so lag er wohlgeborgen in der Hütte eines Dorfs; waren sie müßig, so schoss er ihnen das Wild weg; meinten sie, ihn zu haben, so entschlüpfte er ihnen noch im letzten Augenblick«, schreibt Nuber in seiner Sagensammlung.

Ohne Scheu hält er sich in den Spessartdörfern auf. Wird ihm der Boden zu heiß unter den Füßen, dann lässt er sich von den Mainfährern ins Ausland übersetzen. Das ist aktenkundig.

Mit einer allgemeinen Wildereiverordnung war diesem Mann nicht beizukommen.

Bei ihm muss eine Ausnahme gemacht werden: Mit ernstgemessener Verordnung wird er für vogelfrei erklärt.

Vogelfrei, das bedeutet nicht, dass ihn jedermann totschlagen darf wie einen räudigen Hund. Vogelfrei heißt ehrlos und rechtlos und geächtet, heißt für die Jäger: Feuer frei –

»falls sich dieser verwegene Bursch entweder allein, oder auch mit anderen seinesgleichen in denen churfürstlichen Waldungen des Spessarts mit bey sich habenden Gewehr betreten lassen würde«.

Damit glaubt der Hofrat, den Hasenstab zu kriegen, tot oder lebendig. Zwei Jahre hofft er vergebens, dann muss er zugeben, dass »bis hiehin aber gleichwohlen nichts erfolget«.

Jetzt erlässt der Hofrat unter dem 17. Mai 1751 eine weitere, eine außergewöhnliche Verordnung!

Den Untertanen wird bei »ohn fehlbar zu gewarten habender ohnnachlässiger herrschaftlichen Straf von 50 Reichsthalern« untersagt, den Erzwilderer zu beherbergen. Die Mainfährer und Schiffsleute dürfen ihn nicht mehr überführen.

Dieses Schriftstück hat der kauzige Lohrer Junggeselle Paul Crämer, ein Sohn des seinerzeit bekannten Pauls-Kirchenpolitikers von Craemer, im Archiv seiner Heimatstadt aufgestöbert und 1892 in seinem mühevoll aus alten Urkunden zusammengetragenen Buch »Die Jagd im Spessart in Sage und Geschichte« veröffentlicht.

In dieser Verordnung wird die Wilderei Hasenstabs für uns zum ersten Mal aktenkundig. Wir lesen schwarz auf weiß, was man sonst für Gerede hielte, was es weder vorher noch nachher im Mainzer Spessart gegeben hat: Der Hofrat setzt ein Kopfgeld aus!

Wörtlich heißt es da, dass »demjenigen aber, welcher denselben niederwerfen und gefänglich einbringen wird, 30 Reichsthaler zur Belohnung gereichet« werden. Diese Verordnung war zu jedermanns Nachricht und Wissenschaft gehörig zu publizieren und bekannt zu machen.

Von den Untertanen will keiner den Judaslohn verdienen. Darauf wollen sich die Mainzer auch gar nicht verlassen; sie fahnden selber – mit Macht und Masse!

Die Schultheißen stellen Mannschaft, die Ämter ordnen ihre Büttel ab, die Jäger führen das Aufgebot und streifen auf den Flüchtling.

Sie streifen jahrelang.

Doch viele Hunde sind auch eines Hasenstabs Tod. Mitte der fünfziger Jahre wird er aufgespürt und umstellt. Schüsse werden gewechselt, doch kein Jäger schießt den Vogelfreien über den Haufen. Hasenstab wird am rechten Fuß verwundet. Es sieht so aus, als sei er absichtlich fluchtunfähig geschossen worden.

Hasenstab behält sein Leben, aber seine Freiheit verliert er. Er muss sich ergeben, er wird festgenommen.

Von Pürschknechten, seinen ehemaligen Kollegen, wird er nach Aschaffenburg eingeliefert. Für die Einlieferung muss er den Pürschknechten – wie damals üblich – eine Vesper mit Wein und Brot spendieren. Es ist zum Verrecken, wenn einen der Teufel holt und man muss auch noch Fuhrlohn zahlen!

In Aschaffenburg nimmt der Oberjäger die Sache in die Hand.

Er steckt den Verhafteten gleich in das »absonderliche Gefängnis für Wildbretdiebe«.

Eine Kommission weltlicher Räte sitzt zu Gericht, der Oberjäger als Beisitzer.

Es folgen tagelange Verhöre. Vor allem seine Helfershelfer und Wildbretkäufer will man wissen.

So muss er denn herausrücken mit den Namen seiner Kunden, den Pfarrern und Wirten.

Das Verhör endet mit einer Sensation: Hasenstab gibt seinen Hauptabnehmer an, einen hochwürdigen Herrn, den gottesfürchtigen Abt von Bronnbach!

Alsdann muss der Angeklagte Urfehde schwören; er verspricht, weitere Missetaten zu unterlassen und sich an niemanden zu rächen, weder am Kläger noch an den Zeugen.

Schließlich ergeht das Urteil. Als Ersttäter hat Hasenstab eine Strafe von einem Jahr Zwangsarbeit in Eisen und Banden zu gewärtigen.

Doch dieses Strafmaß scheint den Räten nicht angemessen. Für hartgesottene Verbrecher lässt ihnen die Verordnung von 1731 ein Hintertürchen offen: »unser Jagd-Mandatum nebst denen solchem einverleibten Strafen nach Gutbefinden zu minderen oder zu mehren«.

Nach dieser verklausulierten Formulierung fällen die Räte ihr Urteil und bestrafen den Malefizwilderer mit Zwangsarbeit auf unbestimmte Zeit.

Abzubüßen ist die Strafe in der Landeshauptstadt Mainz. Dort werden Arbeitskräfte gebraucht, denn die gewaltige Festung, das Bollwerk wider den Erbfeind Frankreich, muss verstärkt werden. Hier kann der Nichtsnutz sinnvolle Arbeit leisten und mithelfen, die uneinnehmbare Festung Mainz noch unbezwingbarer zu machen. Dass sie dann doch den Franzosen kampflos in die Hände fiel, ist seiner Arbeit sicherlich nicht anzulasten.

Zusammen mit den anderen Sträflingen muss er im Vorfeld der Festung die Schanzen aufwerfen.

Hasenstab lässt sich willig an den Schubkarren schmieden und schiebt den Erdboden aus den Gräben auf die Wälle. Nachts schläft er in den Kasematten auf einer Schütt Stroh.

Auf dem Wall steht die Schildwache Gewehr bei Fuß und passt auf, dass keiner entwischt.

Die Festung gilt als ausbruchssicher.

Die Hatz

Und rückt der Winter an,
Gibts Neue für den Jägerbursch,
Die braucht man, wo man kann
Zum Kreisen und Pürschgang.
Die wilden Schwein
Ruft man herein,
Hui Sau, hui Sau!
Hui Sau lauf an,
Hier steht der Mann,
Der dich abfangen kann.

Wie Hasenstab seinen Mann stellt

Zu Mainz auf der Schanz, haben die Jäger gemeint, wäre der Hasenstab gut aufgehoben. Dort hat er müssen schanzen, mit einer Kette an den Schubkarren gehenkt, nachts haben sie ihn in der Festung eingesperrt.

Dass er da so schnell nicht herauskommt, hat er bald selber gemerkt. Aber um einen Ausweg war er dennoch nicht verlegen.

Er hat der Schildwach schön getan, hat aufs Wort pariert und bei der Arbeit hat er sich in die Stränge gelegt wie ein Stier. Da war er bald beim Eisenmeister gut angeschrieben. Und wie der ihm einmal das Essen selber gebracht hat, da ist er ihm gerade recht gekommen. Der Hasenstab verwischt ihn beim Schlafittchen, knöpft ihm den Schlüsselbund ab, schlägt die Tür zu und sperrt ihn ein statt seiner.

Das hat ein Hallo gegeben, wie er sich daheim wieder hat blicken lassen. Aber wie sie ihn lang und breit haben ausfragen wollen, da hat er bloß gemeint. »Ich hab mir einen Ersatzmann gestellt.«

Lahm und hinkend

Aufs Maul gefallen ist er nicht, der Ausbrecher. Protzt er doch, wie wenn der Teufel sein ärmster Vetter wäre. Denn nur betuchte Bürgersöhne konnten es sich leisten, einen Ersatzmann zu dingen, der an ihrer Stelle beim Militär einstand.

Bei dieser Anekdote fragt niemand nach der Wahrheit. Und dennoch ist sie die einzige aus dem ganzen Sagenkreis, die wir überprüfen können.

Im Wertheimer Staatsarchiv habe ich einen Steckbrief gefunden, wie ihn der verschreckte Mainzer Hofrat an alle benachbarten Regierungen verschickte:

»Nachdeme die Chur Maynzische Regierung in einem anhero erlassenen Schreiben die Nachricht ertheilet, daß der auf dortiger Schanz schon einige Jahr sich befundene fameuse Erzwilderer Johann Adam Hasenstab, welcher durch einen am rechten Fuß empfangenen Schuß lahm und hinckend worden, ein blau tuchen Kamisol, weisen leinenen Kittel, weise leinene Hosen und Strümpf anhabend, schwarzlicht krausen Haars, kurzer Statur, mageren Leibs und ohngefehr 40 Jahr alt, mit der Schildwacht sich auf flüchtigen Fuß gesezet habe, und anbey beederseits Regierungen geziemend ersucht, diesen Menschen und Wild höchst gefährlichen Pursch auf dessen Betretten in hiesiger Grafschaft in Arrest nehmen zu lassen; als wird dem Gräflichen Commissariat hierdurch aufgegeben, auf diesen Erzwilderer ein wachsames Aug zu haben, und falls derselbe in hiesiger Grafschaft angetroffen werden sollte, zu gefänglichen Haften zu bringen, und dieses allen Schultheisen sogleich mit Beschreibung seiner Person und Kleidung nachdrücklich anzubefehlen.

Decretum Wertheim den 4ten Julij 1757«

Schwarz auf weiß können wir nachlesen, wie die Sage vom Ausbruch auf der Schanz im Grunde stimmt, wie die Wahrheit im Detail sogar noch spannender ist. Keinen Kerkermeister muss er niederschlagen, im Gegenteil, er gewinnt die Schildwache zum Helfershelfer.

Die Schildwache, heute sagen wir Wachtposten, ein armer Teufel, zum Militär gepresst, harrte sicher mit gleicher Ungeduld auf eine Gelegenheit zur Flucht wie der Häftling.

Vieler Überredungskünste wird es kaum bedurft haben, bis er im rechten Augenblick die Ketten aufschloss. Alles weitere hat Hasenstab selber vorbereitet und schlau eingefädelt. Miteinander machen sich die beiden Flüchtlinge aus dem Staub und treten den langen Marsch in die bergenden Spessartwälder an.

Gut 40 Jahre zählt Hasenstab jetzt. Der schmucke Bursch, wie ihn der Kalendermann beschrieben, hat seine Jugend verloren. Und seine Gesundheit obendrein. Mager ist er geworden, lahm und hinkend.

Die Jahre der Zwangsarbeit bei Wasser und Brot haben ihn nicht umerzogen. Besserung lag auch gar nicht in der Absicht des damaligen Strafvollzugs, sondern Vergeltung. Doch je drakonischer die Strafe, desto verstockter der Verbrecher!

Hasenstab wird auf der Schanz nicht in die Knie gezwungen. Wieder in Freiheit, wird er aufs Neue wildern.

Doch zuvörderst begibt er sich zu seiner Frau in Pflege. Und Eva Maria weiß ihren ausgehungerten Mann wieder aufzupäppeln. Auch seine Kumpane profitieren von ihren Heilkünsten. Die Waldbrüder leben in einem Paradies aus Pech und Schwefel. Manch einer, in bleihaltiger Luft von den Jägern angeschossen, ist heilfroh, wenn er kein Schwarzpulver auf die offene Wunde streuen muss, um die Blutung zu stillen. Denn nur ein Gesunder verträgt solch eine Rosskur.

Gekräftigt übernimmt Hasenstab wieder das Kommando. Er verstärkt seine Bande, zwölf Köpfe werden genannt. Die Schildwache kommt dazu wie gerufen. Und mit dem alten Hauptmann kehrt auch die alte Zucht und Ordnung wieder zurück, und wenn sie mit einer Tracht Prügel durchgesetzt werden muss.

In den Jahren der Zwangsarbeit ist der Sohn herangewachsen. Jetzt tritt er in die väterlichen Fußstapfen. Hatte er doch von Kindsbeinen an bei seinem Vater nichts anderes gelernt. Dagegen war die Mutter Eva Maria, bekannt wie ein schlechter Groschen, als Spitzel nicht mehr zu gebrauchen.

Auf wichtige Kundschaft musste der Meister schon selber ausgehen. Doch auf seine üblichen Maskeraden fiel kein Jäger mehr herein. Etwas Neues musste er aushecken. Er kramte in seinem Fundus und fand die vertrauenswürdige braune Bronnbacher Klosterkutte mit Skapulier und Kapuze. Eine Tonsur ließ er sich scheren, streifte den Habit über sein kahles Haupt und wallte als ein fechtender Klosterbruder von Dorf zu Dorf, von Haus zu Haus. Was die Bauern dem Kloster schuldig waren, ließ er in seinem weiten Kollektursack verschwinden: Eier und Butter, Hausmacher und Dürrfleisch, Speck und Schnaps.

Gar in den Jägerhäusern soll er terminiert haben, wie seine Anbeter sich überheben.

Er hatte leicht machen in jenen Tagen, denn das Schicksal vergönnte ihm gewissermaßen eine Verschnaufpause.

Sein Allerhöchster Widersacher, Friedrich Karl von Ostein, war alt geworden. Und mit den Jahren hatte auch seine Jagdpassion nachgelassen.

Im Jahre 1763 schließlich segnet der Kurfürst das Zeitliche, als ein Greis von 77 Jahren, und wechselt in die ewigen Jagdgründe über. Im Nachruf wird man ihn rühmen als einen Gönner der Künste und Wissenschaften und als einen gewissenhaften, Gerechtigkeit liebenden Landesvater.

Der alte Tanz geht wieder los

Was die Obrigkeit von dem Ausbrecher befürchtete, was die Untertanen von dem Werwolfgebissenen erwarteten: Hasenstab täuschte keine der beiden Seiten. Etwas anderes als Wildbret freveln konnte er nicht und wollte er wohl auch nicht. Jetzt trieb er es ärger wie arg. Bei seiner Flucht von der Schanz schien er dem Teufel aus der Kötze gehüpft zu sein. Wie er die Jäger am Narrenseil herumführte, konnte nicht länger hingenommen werden, sonst verlor das Volk den letzten Funken Respekt vor der Regierung. Der neue Kurfürst war denn auch fest entschlossen, dem Kapitallumpen mit aller seiner Macht zu Leibe zu gehen.

Genau gesagt, der Geheime Hofrat hatte sich entschlossen. Denn der Kurfürst selber galt bei seinen Zeitgenossen als ein gutmütiger und lebenslustiger Herr, »einer jener Fürsten, welche die Völker als ein wertvolles Geschenk des Himmels betrachten können«.

Schon einmal war er von seinen Hofschranzen zu hartem Durchgreifen gedrängt worden, gleich im Jahre seines Regierungsantrittes, als er auf einen Schlag anderthalb Dutzend Feiertage abschaffte und das gläubige Spessartvolk mit Schlägen zur Arbeit zwang.

Seine Gutmütigkeit grenzte fast an Willensschwäche, wohl der Grund, warum das Domkapitel ausgerechnet den 56jährigen Domdechanten Emmerich Josef aus dem reichsfreien rheinischen

Adelsgeschlecht derer von Breidbach-Bürresheim zum Kurfürsten von Mainz erwählt hatte.

Das »wertvolle Geschenk des Himmels« ließ denn alsbald die Fahndungsmaschine anlaufen. Auf eine regelrechte Polizei konnte er allerdings nicht zurückgreifen; die gab es damals noch nicht. Amtsknechte und Gerichtsdiener waren seinerzeit mit Polizeiaufgaben betraut. Aber im Fall Hasenstab zeigte sich diese Hilfspolizei überfordert. Deshalb wurde Militär zur Verstärkung aufgeboten, vor allem die Kavallerie, Husaren und Dragoner. Die Schwadronen wurden aus der Hauptstadt Mainz hinaus aufs flache Land verlegt und bei den Untertanen einquartiert. Sie erhielten den Auftrag, öfters und unvermutet zu streifen, abgelegene Gehöfte, Dörrhäuser und Kohlenbrennerhütten zu durchsuchen und jeden Untertanen ohne festen Wohnsitz, jeden Fremden ohne Passierschein aufzugreifen und einzustecken.

Mit dem Steckbrief konnten die bezopften Dragoner allerdings wenig anfangen.

Leinenkittel und Hosen trugen die Spessarter alle, andere Kleidung als selbst gewebte kannten sie nicht. Werktags zogen sie den schmutziggrauen Leinenkittel an zur Leinenhose, sonntags den blaugefärbten langen Schoßrock, das Camisol.

Die Beschreibung der Tracht passte auf jedermann und niemanden. Die sprichwörtliche Stecknadel im Heuhaufen ließ sich so jedenfalls nicht auffinden. Wo sollten die Zopfsoldaten auch suchen. Einen festen Wohnsitz, einen eigenen Hausstand hat der Erzwilddieb nie gekannt.

Forstmeister Simon erzählt:

»Im Sommer war der weite Wald sein ständiges Quartier, im Winter standen ihm eine Menge von Gaststätten stets gerne zur Verfügung, woselbst er auch seine Habseligkeiten, Gewehre und Schießvorräte verborgen hielt.«

Diese Schlupfwinkel wechselte er ständig, nie hielt er sich lange am selben Ort auf.

Selbst als die Husaren den Gesuchten mit tödlicher Sicherheit umstellt glaubten, fanden sie das Nest leer, den Vogel ausgeflogen.

Wieder einmal war er in eine dichtbelaubte Buchenkrone geklettert, hatte er sich im Waldboden unter Laub und Streu verscharrt.

Seine Bewunderer wollen sogar wissen, wie er einer Streife in die Hände fiel, wie man ihn aber wieder laufen ließ, weil keiner den Verkleidungskünstler erkannt hatte.

Sein plötzliches Verschwinden, seine Unfassbarkeit, war das kein Beweis übernatürlicher Kräfte?

Jetzt zweifelte niemand mehr an seiner Unsichtbarkeit, wenn er an dem Tarnring mit dem blauen Stein drehte. Jetzt lachte keiner mehr über seine Schussfestigkeit, wenn er eine Handvoll Gewehrkugeln auf den Wirtshaustisch rollen ließ. Die Todesschüsse der Jäger blieben alle in seinem Kittel stecken, kein gewöhnliches Geschoß könne ihn versehren.

Und wieder wurde in den Spinnstuben über die alte Werwolfgeschichte gewispert. Denn selbst gegen die Bluthunde schien er gefeit. Diese Fanghunde, sobald sie seine Fährte angefallen, »ergriffen jaulend die Flucht oder leckten ihm die Hände, wenn sie ihn aufgespürt hatten«.

Das gefällt dem aufsässigen Spessartvolk. Einem solchen Mann muss man beistehen, wo man kann. Und die Untertanen warnen ihn, verstecken ihn, verleugnen ihn, weisen falsche Fährten, verwischen seine Spuren.

Und wenn die Untertanen selber aufgeboten werden und mit Mannschaft die Streifkommandos verstärken müssen: Jedes Mal hat die Kette ein schwaches Glied, der Gesuchte wird geflissentlich übersehen. Wird ihm der Boden aber gar zu heiß unter den Füßen, dann verlässt Hasenstab den Kurstaat kurzerhand und emigriert ins Ausland.

Einen Fährmann, der ihn über den Main setzt, findet er allemal. Dann taucht er im Würzburgischen unter und findet seine Ruhe. Im Würzburgischen hat er sich nichts zuschulden kommen lassen, dort wird nicht nach ihm gefahndet.

Üppige Blüten trieb die deutsche Kleinstaaterei, während das Heilige Römische Reich deutscher Nation in den letzten Zuckungen lag.

Im südöstlichen Spessart stießen gleich drei Kleinstaaten aneinander, das Erzstift Mainz, das Hochstift Würzburg und die Grafschaft Wertheim.

Für die Mainzer war es ein Kreuz. Der Verbrecher durfte ungehindert die Grenze passieren, die Ordnungsmacht hatte am Schlagbaum haltzumachen. Nachsetzen durfte sie nicht.

Hasenstab vermochte sich ein Menschenalter lang in Freiheit herumzutreiben – dank deutscher Kleinstaaterei!

Und diese deutsche Kleinstaaterei stand Pate bei der Wahl seines Wildererreviers um Haseltal und Kropfbachtal. Auf dem Höhenrücken zwischen den beiden Tälern liegt das Dorf Schollbrunn, und diese Ortschaft erkor er sich zu seiner zweiten Heimat. Eine taktische Meisterleistung. Schiebt sich doch die Schollbrunner Gemarkung von Süden her gleich einem Pfahl in das kurmainzer Obere Erzstift.

Gattlicher noch: In diesem Spessartdorf mit seinen 82 Herdstätten spiegelte sich der monströse Rechtskörper des Alten Reiches. Aufgespalten in zwei Hälften, gehörte der katholische Teil zur Kartause Grünau, der protestantische zur Grafschaft Wertheim. Der eigentliche Landesherr blieb jedoch umstritten. Deshalb hatten sich die Streithähne auf einen Vergleich geeinigt, auf einen typisch reichsdeutschen. Die niedere Gerichtsbarkeit über das gesamte Dorf übten Probst und Graf gemeinsam aus, hochgerichtlich unterstand die protestantische Hälfte der Grafschaft Wertheim, die klösterliche Hälfte aber dem Hochstift Würzburg.

Ob wenigstens die Betroffenen diese verworrenen Rechtsverhältnisse durchschauten, konnte Hasenstab einerlei sein. Er jedenfalls fischte schamlos im Trüben. Ein Schritt über die Straße – und er hatte das Wertheimische verlassen und stand im Würzburgischen. Ein paar Sätze die Steige am Schindergaul hinab – und er gelangte ins Kurmainzische. In diesem Bau mit seinen verwinkelten Röhren war dem alten Fuchs nicht beizukommen.

Mit unverschämter Frechheit spazierte er am helllichten Tag auf der Straße herum, als gälten die Gänge der Jäger und die Ritte der Zopfsoldaten einem ganz anderen.

Diese Militärstreifen, sie schossen mit Kanonen auf einen Spatzen. Heimlich geladen konnte diese Kanone niemals werden, und wenn sie dann endlich feuerbereit in Stellung stand, war der Spatz schon längst auf und davon geflogen.

Jeder Fehlschuss aber brachte der Regierung Schande und Spott ein. Die Untertanen sahen mit ihren eigenen Augen, dass es nicht jedes Mal einschlägt, wenn's donnert. Und je tiefer der Respekt vor der Obrigkeit sank, desto höher stieg das Ansehen des Gejagten.

Kavallerie greift an

Bei aller Gutmütigkeit, der neue Kurfürst war ein echtes Kind seiner Zeit. Nicht anders als seine Vorgänger auf dem Heiligen Stuhl zu Mainz ließ er sich von den Wellen barocker Lebensfreude treiben. Und seinen Spaß an den prunkvollen Lustjagden ließ er sich von einem windigen Spessarter Raubschützen schon gar nicht verderben. Emmerich Josef führte die Kurmainzer Hofjagd, sofern nach Ostein eine Steigerung sich überhaupt noch ausdenken ließ, auf die höchste Stufe der Vollendung.

Zeitgenössische Berichte benachbarter Fürstenhöfe liefern ein anschauliches Bild über den Ablauf solch einer Lustjagd.

Nach aufgehobener Mittagstafel verfügten sich seine kurfürstlichen Gnaden mit Ehrengästen und Hofgefolge in die innere Kammer. Unter den Ehrengästen werden genannt der kaiserliche Gesandte, die österreichischen Erzherzöge, der König von Neapel gar, denn die Hofjagd diente zugleich der Pflege der auswärtigen Beziehungen. Die Damen im großen Hofputz und der weltliche Hofstaat, der Hofratspräsident, der Großhofmeister, der Hofkanzler, der Kanzleidirektor und die geheimen Hofräte folgten nach strenger Etikette ihrem teuersten Landesherrn.

Die hohen Herrschaften betreten den Jagdschirm, einen bühnenförmigen Schießstand, und nehmen Platz. Musik hebt an, Pauken dröhnen, Trompeten schmettern.

Vor dem Schirm steht vollzählig die Spessarter Jägerei, angetreten in Reih und Glied, in Galauniform, mit Hirschfänger und Hornfessel.

Dahinter halten die Hundejungen, mit den Hetzhunden an der Koppel. Die Jäger tragen lange Haselstecken in der Hand. An diesen Stöcken kann der kundige Gast erkennen, worauf heute gejagt wird. Leuchten sie weißgeschält, so gilt die Jagd verfegten Hirschen. Ist die Rinde belassen, tragen auch die Hirsche ihr Geweih noch im Bast. Jetzt sind die letzten Vorbereitungen getroffen und es kann beginnen, wofür die Untertanen wochenlang gefrondet und die Jäger jahrelang gehegt haben – das prunkvolle Fest der Hofjagd!

Seine Exzellenz, der Herr Obristjägermeister eröffnen die Jagd und lassen anschießen.

Hifthörner erklingen, Rosse wiehern, Hunde bellen, Waidgeschrei erschallt: Alle Herzen pochen voll höchster Jagdlust.

Die Jäger ziehen zu Holze. Auf ein Hornsignal fällt das Blendtuch, das die Kammer von der Stallung trennt. Die Gäste erleben ein aufregendes Schauspiel. Jäger und Fröner, bunte Wappenfahnen schwenkend, treiben das Wild in die innere Kammer.

Der Boden dröhnt, in voller Flucht springt das edle Wild daher, Kronenhirsche und Schmalspießer, Kahlwild und Kälber.

Plötzlich ein Tumult vor dem Schirm. Das Rotwild scheut vor der schmetternden Musik, macht kehrt auf der Hinterhand und will durch die Treiberwehr zurück brechen. Ein Szenenwechsel für die barocke Schaulust, ein Bild, wie wenn »Cavallerie die Infanterie attaquierte«.

Doch die Jäger und Treiber halten Stand: Schnell heben sie das Blendtuch hoch und stellen es wieder auf. Dann ziehen sie sich in bester Ordnung zurück.

Von Hunden gehetzt, prescht das Wild am Schirm vorbei: Der höchste Jagdherr erhebt sich, lässt sich vom Büchsenspanner die goldbeschlagene Pirschbüchse reichen.

Das anmutige Vergnügen besteht in gelungenem Schuss auf das hochflüchtige Wild. Nicht waidwund angebleit soll es mit krummem Buckel stehen bleiben, sondern mit sauberem Blattschuss über Kopf gehen. Dann klatschen die holden Damen Beifall.

Nach dem hohen Jagdherrn kommen die Kavaliere zu Schuss. Ein Massentöten hebt an. Die Hunde hetzen das edle Wild so lange im Kreis um den Schirm herum, bis die Kavaliere sich satt geschossen haben. Die alten Eichen sind stumme Zeugen jener Tage, und manch eine trägt sogar eine bleibende Erinnerung unter ihrer dicken Borke. Bei der Fällung zeigt sich dann eine faustgroße, blauschwarze Verfärbung im Kernholz. Wenn die Waldarbeiter das Holz vorsichtig aufspalten, finden sie die Ursache der Verfärbung, eine vollkernige, bleierne Gewehrkugel aus der Hofjagdzeit.

Die barocke Prunksucht befriedigte sich am stolzen Vorführen der Wildmassen fast noch stärker als am Erlegen.

Deshalb schoss man nicht alles Wild tot. Mit einem Teil wurde der Tiergarten aufgefüllt, der Rest in die Freiheit entlassen. Der Obristjägermeister lässt abblasen und Strecke legen. Aus Emmerich Josefs Zeiten ist eine Strecke überliefert: 120 Sauen in einem einzigen Jagen!

Jäger und Treiber singen aus vollem Halse das klangvolle Kurmainzer Jagdlied. Ein Lied mit Tradition. Ihre Nachfahren werden es später dem Prinzregenten vortragen.

Auf die hohen Herrschaften wartet das Jagdbankett, eine prächtig ausgerichtete Gasterei; die Tische biegen sich unter den Köstlichkeiten: Wildbret, Forellen, Krebse...

Bei höchstem Wohlsein nimmt der gnädige Jagdherr aus den geölten Kehlen der Jäger den freudigen Ausruf entgegen: Es lebe Emmerich Josef!

Bei dem großen Schweinsjagen im Rothenbücher Forst am 27. November 1732 zu Plaisier des kaiserlichen Gesandten, des Grafen Kufstein, haben die gnädigen Herren 30 Maß erlesensten Weines getrunken. Die Jäger schluckten wohlfeileren Rebensaft, dafür aber 175 Maß.

Insgesamt sind für Speis und Trank, für Pulver und Blei, für Spezereien und Wagenschmiere über 260 Gulden aufgegangen, wie der Jagd-Sekretarius gewissenhaft aufrechnet.

Die Höhe dieser Summe kann man ermessen, wenn man das Jahresgehalt eines gut besoldeten Jägers mit 50 Gulden als Maßstab dagegenhält.

Der ungekrönte Spessartkönig

Bei den eingestellten Jagen wurden alle Mann gebraucht. Der Obristjägermeister zog deshalb sämtliche Jagdbedienten bei der Kammer zusammen, Jäger wie Pürschknechte.

Selbst dem Dümmsten musste auffallen, wie während der wochenlangen Hofjagden der weite Spessartwald schutzlos dalag. Hasenstab roch den Braten; er brannte auf das Wildbret los nach Herzenslust. Doch so günstig zeigte sich die Stunde, so üppig blühte sein Weizen, dass er mit seinen zwölf Hanseln den ganzen Erntesegen gar nicht einfahren konnte.

Da sann er auf Abhilfe. Bald in jedem Dorf saßen selbständige, untereinander verwandte Trupps und Gruppen von Wilbertsknuppern. Sobald Hasenstab auftauchte, machten sie mit dem verehrten Meister gemeinsame Sache. Die übrige Zeit aber frevelten sie auf eigene Faust.

Diese kleinen Dorfbanden fasste Hasenstab zu einer einzigen Großbande zusammen, übernahm auf Zeit das Oberkommando und setzte seinerseits regelrechte Treibjagden an.

Mit den vereinigten Banden fällte er das Wildbret im gesamten weiten und breiten Kurmainzer Spessart. Den Bischbrünner und den Altenbücher Forst überzog er freilich nicht mit seinen Schwarzschützen. Diese Reviere behielt er sich persönlich vor, sozusagen als sein Leibgehege.

Ihren Jagdleiter kannten die Raubschützen schon von weitem. Zog der doch den Kurmainzer Jagdrock an, mit dem Hirschfänger am Koppel und dem Birkhahnstoß auf dem Dreispitz. Allzu gern hätte er noch zu den Grünen gehört! Die Uniform trug er mit der Selbstverständlichkeit eines Hauptmann von Köpenick. Selbst neu eingestellte Forstleute soll er hinters Licht geführt haben.

Mancher möchte diese Volkserzählungen als handgreifliches Wildererlatein abtun. Doch selbst ein über jeden Verdacht erhabener Autor, Forstmeister Simon, muss zugeben:

»Schließlich wurde der gesamte Spessart sein Jagdgebiet. Sämtliche Wilderer der im Spessart liegenden Dörfer bildeten organisierte Banden, die sich freiwillig unter Hasenstabs Oberbefehl stellten und von ihm vorher durch Kundschafter benachrichtigt, von Zeit zu Zeit, beziehungsweise zu besonders günstiger Zeit während angesetzter fürstlicher Großjagden zu mehrtägigen, ja wochenlangen Jagden geführt wurden.«

Bei diesen Beutezügen fiel das Wildbret haufenweise an, so massenhaft, dass die Verwertung stockte. Die entlarvte Stammkundschaft, Wirtshäuser und Klöster, konnte nicht mehr beliefert werden. Und der Anteil, den die armen Leute gegen Bezahlung aufnehmen konnten, machte das Kraut nicht fett. Der schwarze Markt schien gesättigt, die schusshitzigen Wilber blieben auf ihrem Wildbret sitzen.

Hasenstab wusste Rat. Er sah, wie das Kurmainzer Jagdamt seine Überschüsse mit dem Marktschiff nach Frankfurt lieferte und dort an Wildbrethändler verkaufte. Er kannte die reiche Handelsstadt am Main, spätestens seit seiner Durchreise nach Mainz auf die Schanz. Der Frankfurter Markt konnte nicht genug Wildbret aufnehmen, denn die Mainzer verknappten künstlich das Angebot. Sie gaben nur ab, was sie selber nicht brauchten für den Eigenbedarf der Hofhaltung.

Der Ausweg lag offen, und wir wundern uns nicht, dass Hasenstab ihn beschritt.

Er wählte den Wasserweg. Mainschiffer und Flößer übernahmen die Fracht. Der lange Transport minderte den Geschmack des Wildbrets mitnichten, im Gegenteil, die Feinschmecker züngelten nach einem ausgereiften Hautegout.

Zur Zeit, als im Haus am Hirschgraben der kleine Johann Wolfgang Goethe aufwuchs, eröffnete Johann Adam Hasenstab auf dem Rossmarkt einen Verkaufsstand und verhökerte sein Wildbret wohlfeiler als die Konkurrenz.

In aller Öffentlichkeit trieb er sein Geschäft und niemand behelligte ihn.

Dickköpfig wahrten die deutschen Teilstaaten ihr eigenständiges Recht, und wenn es ins Chaos führte. Deshalb konnten auch die Mainzer nicht einschreiten gegen den unlauteren Wettbewerb. Hinter den Mauern der freien, noch dazu protestantischen Reichsstadt Frankfurt hatte der wohllöbliche Magistrat das Sagen.

Seit seinem Ausbruch zu Mainz auf der Schanz ist Hasenstabs Ansehen bedrohlich gewachsen.

Er schwimmt auf einer Welle von Wohlwollen. Die Bauern bieten ihm Unterschlupf und Verpflegung, jedwede Unterstützung. Sie rechnen es sich zur Ehre an, wenn er zu Gast kommt, wenn er ihre dicken Tage mitfeiert, Hochzeit, Kindstaufe, Kirchweih.

Den Liebling des Volkes lieben die Frauen erst recht. Und der Schürzenjäger nutzt die Gunst der Stunde, ein Kostverächter scheint er nie gewesen zu sein. In manchem Dorf wartet ein Liebchen auf ihn und lässt ihn nachts ins warme Nest kriechen.

Sogar die feinen Damen der höheren Stände recken die Hälse nach diesem Naturburschen. Unser romantischer Chronist weiß es:

»Seine diesbezüglichen Beziehungen reichten bis in die Gemächer adeliger Damen in verschwiegenen Schlössern am Main; sie luden ihn wie einen Troubadour zu Schäferstündchen ein.«

In den Erzählungen des Volkes verlaufen diese Liebesabenteuer allerdings harmloser, wie etwa in folgender Sage:

Wie Hasenstab wieder jung wird

Weil sie im Rothenbücher Jagdschloss von nichts anderem geplaudert haben, hätte eine Hofdame den vielberedten Meisterwildbretschützen gerne einmal selber gesehen gehabt.

Eines Tages sind sie zu dritt im Wald spazieren gegangen. Da tappt ein alter Scherenschleifer daher, krumm und bucklig, und bettelt um eine milde Gabe.

Und wie das Fräulein im Beutel nach einem Kreuzer kramt, deutet der Fechtbruder mit seinem Krückstock auf sie: »Jüstich, nein! Ihr seid ja die drei Engel, wo mir heut Nacht im Traum erschienen sind?«

Jetzt werden die Weiber neugierig. Der Alte druckst eine Weile herum; nach gutem Zureden rückt er heraus, wie ihn der eine Engel geküsst und wie dieser Kuss ihn von seinen Gebrechen wun-

derbar erlöst hat. Und der Kussengel hat genauso ausgesehen wie das Fräulein.

Die Hofdame weiß nicht recht, aber dann gibt sie ihrem Herzen einen Stoß und dem widerwärtigen Landstreicher einen Kuss – und siehe, ein Wunder geschieht! Der Krüppel schmeißt den Krückstock weg, lässt die Lumpen fallen und entpuppt sich als ein schneidiger junger Jägersmann.

Er fällt der hohen Frau um den Hals und gibt ihr den Kuss zurück: »Jetzt habt Ihr den Hasenstab nicht bloß gesehen, jetzt habt Ihr ihn sogar geküsst.«

Der lautlose Krieg

Die jahrzehntelangen Streifzüge ganzer Jägerkompanien, Dragonerschwadronen und Husarenregimenter – galten sie wirklich nur einem gottverdammten Wildschnepper?

Nur noch dem Namen nach ging es um Wilderei; in Wirklichkeit um Widerstand gegen die Staatsgewalt.

Widerstand gegen die Staatsgewalt aber bedeutete Krieg!

Ein Krieg ohne Kriegserklärung, ein Kampf im Untergrund. Der Widerständler kämpfte mitten aus dem eigenen Volk heraus.

Doch gegen das eigene Volk, gegen die eigenen Untertanen ließ sich kein heißer Krieg führen.

Aus dieser Verlegenheit half eine modern anmutende, jedoch uralte Kampfweise, die psychologische Kriegsführung. Auch deren Kampfmittel haben den Zeitenlauf unverändert überstanden, Zuckerbrot und Peitsche.

Fürs erste hatte schon der milde von Eltz Zuckerbrot ausgelegt. Für eine Meldung, worüber die »Mißhandlung zu Tage käme oder auch den Wildbretdieb gar einliefern würde«, versprach er das beschlagnahmte Wildbret samt Decke und darüber hinaus 10 Gulden Belohnung.

Aber schon seinerzeit bissen die Untertanen nicht an, so wenig wie später beim Kopfgeld.

Deshalb knallte der Kurfürst mit der Peitsche. Gastwirte und Gerber verloren ihr Handwerk, die eingesessene Judenschaft sogar den genießenden Schutz, wenn sie einem Bauern Wildbret oder rohe Häute abkauften. Der scharfe Ostein setzt noch eins drauf. Wenn die Nachbarn einen Wilddieb nicht anzeigen, so haftet die gesamte Gemeinde und hat für ein Stück Hochwild 50 Reichstaler zu ersetzen. Für die armen Leute eine empfindliche Strafe. Der Kurfürst wusste, wo er die Daumenschrauben ansetzen musste.

Und allsogleich schraubte er sie fester. Er verlegte die gefürchteten Husaren aufs Land und heimste doppelten Vorteil ein: Die Soldaten lagen mitten im Einsatzgebiet und kosteten von Stund an keinen Kreuzer mehr. Die Bauern stöhnten. Sie mussten kostenlos Unterkunft und Verpflegung stellen und obendrein auf ihre Weiber und Töchter höllisch aufpassen. In einer zeitgenössischen Anekdote wird ein Bauer nach den Husaren gefragt. »Oh, sie führen sich auf wie die Kinder; was ihnen gefällt, das nehmen sie sich!«

Doch selbst die drückenden Einquartierungen machten das Volk nicht mürbe. Es gelang der Regierung nicht, einen Keil zu treiben zwischen Hasenstab und das Volk.

Fürchteten die Leute den Hexenmeister? Lohnten sie seinen Edelmut? Freilich, Hasenstab lässt sich nicht lumpen. Jeglichen Beistand vergilt er reichlich mit Wildbret und manchem goldenen Gulden. Er spart und knausert nicht für seine alten Tage.

Als ein edler Räuber, der den Armen gibt was er den Reichen nimmt, ist Hasenstab denn auch in die Trivialliteratur eingegangen. Aber mit Edelmut und Hexerei allein hätte er die Spessarter auf Dauer nicht fesseln können. Er musste eine echte Gegenleistung anbieten.

Die Bauern litten schwere Not. Ihre Ernte fraß das Wild. Alles Lamentieren fruchtete nicht. Eigenmächtiger Abschuss des Wildes schien der einzige Ausweg. Doch diese verbotene Eigenmacht erfüllte den Tatbestand der Wilderei. Nach den Buchstaben des Gesetzes galt Wilderei als ein Verbrechen.

Die Untertanen jedoch hielten Wilddieberei für Notwehr. Und Notwehr war sittlich erlaubt.

In diesem Punkt klaffte die Rechtsauffassung von Obrigkeit und Untertanen weit auseinander.

Ein Erzwilddieb wie Hasenstab hat diesen Zwist sofort durchschaut und kaltblütig ausgenutzt. So gewissenlos er die staatlichen Gesetze brach, so streng achtete er das alte Volksrecht. Keinen Totschlag an der Jägerei, keinen Raub am Hab und Gut der Untertanen ließ er sich zuschulden kommen. An Gerissenheit erwies er sich dem Bayerischen Hiesel weit überlegen. Der war vom gefeierten Wildschützen zum gemeinen Verbrecher herabgesunken mit 12 Räubereien, 8 Landfriedensbrüchen und 9 Totschlägen auf dem Kerbholz. Für den Hiesel rührte das Volk keinen Finger, als er zum Schafott geführt wurde.

Hasenstab hat sich das Wohlwollen des Volkes niemals verscherzt.

Die Obrigkeit steht in ihrem Kampf allein. Die Vorboten der Französischen Revolution kündigen sich an. Trotz unumschränkter Macht wird der Kurfürst nicht mehr so recht fertig mit seinen Untertanen; die Leute kuschen nicht mehr unter dem Krummstab.

Im Gegenteil, sie begrüßen es, wenn einer aus ihrer Mitte aufsteht und, Jagdmandate hin, Fahndungsaufrufe her, das Rotwild wegpürscht, als sei er selber der Jagdherr. Und wenn die Streifkommandos, zu Fuß oder beritten, bei Tag und des Nachts, mit mannscharfen Fanghunden am Riemen ein Waldstück abriegeln, eine Mühle umstellen, ein Dorf mit aufgepflanztem Seitengewehr durchkämmen – wieder einmal für die Katz, dann haben die Untertanen ihre höchste Freude, Schadenfreude. Mit Schadenfreude rächen sie sich an ihrem Unterdrücker, wenn sie ihm sonst schon nichts anhaben können.

Auf die Untertanen brauchte die Obrigkeit nicht zu zählen. Aber nicht einmal ihren eigenen Beamten hat sie trauen können. Denn offenbar haben einzelne Jäger festgenommene Wildbretschützen gegen ein saftiges Bestechungsgeld wieder laufen lassen.

Anders ist die Dienstanweisung nicht zu verstehen, wenn sie den Jägern für solche Fälle einschärft, »nicht das Geringste aus Absichten zu verschweigen noch im geheimen für sich abzutätigen«.

Rote Haar und Erlenholz ...

Der Revierjäger Johann Sator in Bischbrunn war da aus anderem Holz geschnitzt. Im Jahre 1759, als ein blutjunger Mann von 23 Jahren, hatte er das Amt vom Vater übernommen.

Warum sich sein 55jähriger Vater Matthes so zeitig zur Ruhe setzte, bleibt uns ein Rätsel.

Aus dienstlichen Gründen sicher nicht, denn Matthes Sator, der holzgerechteste von allen Spessarter Revierjägern, hat 1754 als erster das Nadelholz eingeführt. Seine Lärchen und Fichten beeindruckten die Zeitgenossen durch ihren »unglaublich schönen Wuchs«.

Aus gesundheitlichen Gründen wohl auch nicht, denn er lebt noch 22 Jahre im Ruhestand. Er versauert dabei nicht, denn noch im Todesjahr seiner Ehefrau Rosalie, Johanns Mutter, heiratet er eine 25 Jahre jüngere Schifferstochter und zeugt mit ihr 9 Kinder.

Zusammen mit Vater und Stiefmutter, mit Geschwistern und Stiefgeschwistern wohnt der junge Johann im herrschaftlichen Jägerhaus, einem baufälligen zweistöckigen Fachwerkbau. Da mag wohl einer dem anderen auf die Füße getreten sein.

Der Herr Obristjägermeister lässt denn auch den frisch aufgezogenen Revierjäger noch 6 Jahre Enthaltsamkeit üben, bis er ihm erlaubt, die züchtige Aschaffenburger Bürgerstochter Maria Elisabeth Schüßlerin heimzuführen und einen eigenen Hausstand zu gründen.

Als auch die junge Ehe mit jährlichem Nachwuchs gesegnet wird, gleicht das herrschaftliche Jägerhaus wohl eher einem Kindergarten. Ältere Bischbrunner Waldarbeiter wollen heute noch wissen, wie Johann Sator ausgesehen hat: ein hochgewachsener starker Mann mit rotem Haar und rotem Bart.

Überprüfen kann niemand mehr diese dunkle Erinnerung; dennoch lässt sie erahnen, welch tiefe Spuren Sators außergewöhnliche Persönlichkeit in dem Spessartdorf hinterlassen hat und wie zäh eine gewachsene Gemeinde in Erinnerung bewahrt, was eine persönliche Familientradition längst vergessen hat.

Welcher Wesenszug Sators hat die Leute so tief beeindruckt?

Kein Zweifel, Johann Sator bewährte sich als ein dienstbeflissener und unbestechlicher Diener seines Herrn. »Ihro kurfürstlichen Gnaden getreu, hold, gehorsam und gewärtig« – nach dieser Dienstauffassung lebte er.

In seinem Diensteifer schoss er gelegentlich übers Ziel hinaus. Wenn er in manchen Jahren mehr als 1.000 Forstfrevel zu rügen hatte, Holzdiebstahl und verbotene Waldweide, Streurechen und Grasfrevel, dann dauerte ihm der vorgeschriebene Rechtsweg zu lang. Diese Rugposten hätten vor dem Spessarter Förstergericht verhandelt werden müssen, schwere Fälle sogar im ordentlichen Rechtsweg. Da machte ein Mann der Tat wie Johann Sator kurzen Prozess, das reden ihm die Leute heute noch nach. Er verurteilte die Frevler eigenmächtig und ließ sie ihre Strafe als Waldfron in seinem Revier abarbeiten.

Rote Haar und Erlenholz wachsen auf keinem guten Boden – den Untertanen bot sich Gelegenheit genug, über Sinn und Unsinn dieser Redensart nachzudenken.

Noch schärfer ging er gegen jene andere Sorte von Waldfrevlern vor, die heimlichen Wildbretschützen, wie sie haufenweise in den Dörfern hockten und nur auf eine passende Gelegenheit lauerten. Sator fürchtete sich nicht vor Gott und der Welt, vor den Wilbertsknuppern erst recht nicht. Ihn hat keiner aus dem Wald heimgejagt. Wehe, wen er erwischte!

Kein Wunder, wenn die Untertanen den Rotfuchs scheuten wie den Leibhaftigen.

Anhaben konnten sie ihm nichts, wenigstens nicht bei Lebzeiten. Da wussten sie sich denn nicht anders zu helfen, als ihre Hunde auf den Namen »Sator« zu taufen. Aber nach seinem Tod, da zahlten sie es ihm heim. Da fand seine arme Seele im

Grab keine Ruhe, da musste er umgehen zur Strafe für seine Untaten.

Dieser Volksglaube an eine ausgleichende Gerechtigkeit im Jenseits offenbart sich in vielen Satorsagen. Oberförster Tochtermann hat diese Sagen gesammelt. Folgendes Beispiel ist seiner Schrift entnommen:

Wie ein Bischbrunner Wilderer seine Last wieder los wurde

Früher sollen viele Bischbrunner gewildert haben, und so soll auch ein Wilderer das Säuwegle zum Wald vorgepirscht sein, als es ihm plötzlich schwer auf dem Rücken wurde. Zuerst glaubte er, es wären die Zweige, doch als er aufschaute, war es Sator. In seiner Not rannte er durch die Hecken und durch das Dickicht, aber er konnte Sator nicht abschütteln. Als er Sator zuschrie: »Hättest es recht auf der Welt gemacht, dann bräuchtest jetzt nicht umzugehen«, war Sator von seinem Rücken verschwunden.

Sicher trug Sator selber die Schuld, wenn die Leute aus ihm nicht recht schlau wurden, wenn ihnen sein Weltbild doppelbödig vorkam. Er diente einem Kirchenfürsten und wollte dennoch ein Freigeist bleiben. Sie hielten ihn für einen Anhänger jenes aufgeklärten Zeitgeistes, der sich vom überlieferten religiösen Weltbild lossagte und sich nur von der Vernunft leiten lassen wollte. Die Leute verübelten ihm, dass er die Frömmigkeit seiner Väter fahren ließ und seine Dienstgänge ausgerechnet sonntags während der Messe verrichten musste. Sie verdächtigten den Kirchendiener schließlich als einen heimlichen Kirchenfeind.

Das ganze Gerede focht Sator nicht an. Uns will scheinen, dass er nur ein einziges Ziel verfolgte: den Hasenstab zu fangen.

Mit Johann stand die Sippe Sator nunmehr seit drei Generationen im Kampf gegen diesen Erzwilddieb. Vater Matthes und Großvater Josef hatten das Kriegsglück nicht wenden können, so gewissenhaft sie ihren Dienst auch taten. Mit jugendlichem

Schwung stürzte Johann sich ins Gefecht und streifte mit seinen beiden Pürschknechten, dem Thorhäuser und dem Kropfbrunner.

Doch so pflichtbewusst er auch streifte, er richtete so wenig aus wie seine Vorfahren. Mit Diensteifer ließen sich gewöhnliche Wilddiebe übertölpeln, aber kein Meisterwildbretschütz vom Schlage eines Hasenstab. Denn der besaß übernatürliche Kräfte, war schussfest und konnte sich unsichtbar machen.

Mit der Zeit mag es Johann Sator gedämmert sein, dass man den Teufel mit Beelzebub austreiben muss, dass einem Zauberer nur ein Hexenmeister Herr wird. Er scheint es herausgefordert zu haben, dass die Leute ihm, dem gottlosen Freidenker, auch noch Hexerei anhängten. Er spielte sich auf als Freischütz und ließ seine Scheithauer die gesegnete Silberkugel sehen. Diese Freikugel würde nicht unter Hasenstabs Kittel steckenbleiben.

Wie er es fertigbrachte, sich an zwei verschiedenen Plätzen gleichzeitig blicken zu lassen, bleibt sein Geheimnis. Einer Schollbrunner Bauersfrau, als sie mit der Kötze voll Mehl auf dem Buckel von der Schreckenmühle heimgeht, ist er auf der Steige am Schindergaul begegnet, gerade als es Ave läutete; zur gleichen Zeit, das beschwören sie steif und fest, haben ihn ein paar Bauern über die Bischbrunner Dorfstraße laufen sehen.

Bilokation nennen die Theologen die mystische Fähigkeit eines Menschen, gleichzeitig an zwei verschiedenen Stellen zu verweilen. Aber nur Heilige können solch ein Wunder wirken. Sator wusste, wie man auf einen Schelmen anderthalbe setzt. Mit faulem Zauber brachte er seinen Gegner tatsächlich durcheinander. Es war für die Katz, einen solchen Schwarzkünstler noch länger mit Spitzeln überwachen zu lassen. Hasenstab musste verspüren, dass er nicht mehr schalten und walten konnte im Bischbrunner Forst, als sei er selber der Jagdherr. Langsam zog sich die Schlinge zu.

Wie Hasenstab die Zeche prellt

Eines Sonntags nach der Kirche, da ist es wieder einmal hoch hergegangen in der Heckenwirtschaft von Schollbrunn.

Mitten unter der Gemeinde sitzt der Hasenstab und führt das große Wort. Was gegessen und getrunken wird, geht auf seine Kosten; Geld hat der ja gehabt wie ein Säutreiber.

Und wie er seine Stückli verzählt mit den Mainzer Jägern, da sehen und hören die Leute nichts mehr vor lauter Lachen.

Auf einmal fliegt die Stubentür auf und der Sator stürmt rein mit seinen Knechten. »Wo ist der Lump?«

Die Schollbrünner springen auf, stellen sich den Jägern in den Weg und halten sie auf mit scheinheiliger Fragerei: »Was gibt's?« »Wo brennt's?«

Mehr können sie nicht tun, aber das langt!

Zum Bezahlen ist der Hasenstab nicht mehr gekommen, aber zum Fenster hat er gerade noch hinausspringen können. Dann ist er wie ein durchgepeitschter Hund übers Feld in den Wald gerannt. Da hat er gewonnen gehabt! Wer dümmer geguckt hat, weiß ich nicht, der Wirt oder der Sator?

Im größten Gefängnis der Welt

Dies Stücklein habe ich in Schollbrunn erzählen hören.

Mit Hilfe des Volkes ist Hasenstab wieder einmal davongekommen, aber frohlocken brauchte er nicht, denn er hat nur auf den ersten Blick gewonnen.

Die Wertheimer scheint's haben den Mainzer Steckbrief nicht hinter den Spiegel gesteckt. Jetzt wird auch in Schollbrunn nach ihm gefahndet, und da bleiben ihm die lockeren Sprüche, womit er sonst seine Schwänke würzt, im Halse stecken. Nun hat er seinen zuverlässigsten Schlupfwinkel verloren, ist in seinem eigenen Bau nicht mehr geborgen.

Das Blättlein hat sich gewendet. Seit seinem Ausbruch auf der Schanz ist Hasenstab auf der Flucht, pausenlos seit anderthalb Jahrzehnten. Unmerklich ist der Hetzer zum Gehetzten geworden.

Wenn auch die Streifen den Erzwilderer selber immer noch nicht ausgehoben haben, hautnah auf den Leib gerückt sind sie ihm doch. Zusammen mit seinen Waldbrüdern traut er sich nicht mehr, auf das Wild loszubrennen. Es bleibt ihm nichts anderes übrig, als seine Bande aufzulösen.

Seine Frau ist schon längst aus seinem Leben verschwunden, und auch von seinem Sohn muss er sich trennen.

Der Sohn stellte dem Wildbret auf eigene Faust nach, und auch der Vater pürschte für sich allein.

Seine ehemaligen Spießgesellen versorgten ihn mit Pulver und Blei, wenn's Not tat auch mit Unterkunft und Verpflegung.

Dann schloff der alte Fuchs in die Notröhre und blieb solange darin stecken, bis die Fahnder die Verfolgung aufgaben.

Unters Volk getraute er sich nur noch in Verkleidung. Zutiefst in seinem Innern steckt diese Verkleidungssucht, wie wenn er seine verlorene Freiheit wiedergewinnen wollte.

Sein Leben unter freiem Himmel, mutterseelenallein, hat den Chronisten tief beeindruckt.

»Der mit Acht und Aberacht belegte vogelfreie Raubschütz führte trotz dieser Unterstützung bald ein Leben wie ein wildes Tier.

Nur seiner eisenharten Gesundheit hatte er es zu verdanken, dass er den Witterungsunbilden und der ständigen Hetze nicht erlag.«

Unaufhaltsam sinkt Hasenstabs Stern.

Um das Jahr 1770 herum wird er festgenommen. Die näheren Umstände kennen wir nicht, aber es fällt wiederum auf, dass niemand den Vogelfreien über den Haufen schießt. Hat er sich widerstandslos ergeben?

Von den Husaren wird er nach Aschaffenburg eingeliefert und dort in den Kerker gesteckt. Haufenweise strömen die Gaffer zusammen. Er wird der Hohen Kommission vorgeführt, verhört, verurteilt. Der Schreiber protokolliert die Vernehmung und fertigt das Urteil aus.

Diese Akten blieben bis heute verschollen, kein Forscher hielt sie je in Händen. Vier Jahre habe ich selber nachgesucht. Wenn sie bei der Säkularisation kein bajuwarischer Barbar vernichtet hat, dann verstauben sie noch irgendwo in einem Archiv. Einem glücklichen Finder für die Zukunft Waidmannsheil!

Auch ohne Abschrift können wir das Urteil erschließen. Es musste für diesmal ein endgültiges sein; der schmähliche Fall Hasenstab war ein für allemal zu erledigen.

Die weltlichen Räte der Hohen Kommission taten sich allerdings nicht ganz leicht, denn Recht und Gesetz waren zu beachten, auch in einem absoluten Staat.

Und da der Häftling weder geraubt noch gemordet hatte, konnten sie auch nicht auf Todesstrafe nach der peinlichen Halsgerichtsordnung erkennen.

Hasenstab war nach der Wildereiverordnung von 1731 abzuurteilen. Als Höchststrafe kannte diese Verordnung eine Verbannung auf Lebenszeit.

Der einschlägige Passus lautet: »so mag ein dergleichen so vermessen = als verwegener und famoser Wildbrets-Dieb nach zuvor abgeschworener Urpfehd auff ewig unserer Ertzstifftlichen Landen ... verwiesen werden«.

So lautete denn auch das Urteil im Fall Hasenstab: lebenslängliche Verbannung!

Ganz wohl war den Richtern nicht bei ihrem Spruch. Bot er die Gewähr, dass der gerissenste Spessarter Wilddieb aller Zeiten nicht doch wieder den Heimweg fand?

Die Räte hielten den Schwarzen Peter in Händen. Denn auch für die Vollstreckung des Urteils blieben sie zuständig. Beim Vollzug durften sie ihre Verantwortung nicht auf entgegenstehende Rechtsvorschriften abschieben.

Hilfesuchend blickten sie den Rhein hinunter. Der Handelsstaat Holland mit seinem riesigen Kolonialreich im Indischen Ozean beherrschte damals die Weltmeere. Beide Staaten pflegten gute diplomatische Beziehungen zueinander, denn die holländischen Seefahrer ermangelten eines Rohstoffes, den der Kurstaat im Überfluss besaß – Holz. Kein anderes Holz aber taugt besser zum Schiffsbau als die Spessarteiche. Bauholz in endlosen Flößen trieb main- und rheinabwärts, unter dem Markennamen »Holländerholz« damals so weltberühmt wie heute die Furniereiche.

Doch die Niederländer brauchten mehr als Holz, sie benötigten Menschen. Eben schickten sie sich an, das neugewonnene Australien, damals nach seinen Besitzern »Neuholland« geheißen, auszubeuten. Vorher jedoch musste dieser Erdteil besiedelt sein. Da kam jeder Mann recht, sogar ein Sträfling.

So bereisten denn niederländische Offiziere Deutschland und leerten die Zuchthäuser.

Die Mainzer Hofzeitung schrieb: »Zur Reinigung der deutschen Zuchthäuser von solchen Menschen, bei welchen sich gar keine Besserung vermuten lässt, bietet der erneute Verkehr der Handelsstaaten mit ihren Kolonien eine erwünschte Gelegenheit dar.«

Die weltlichen Räte packten diese erwünschte Gelegenheit beim Schopf. In Stockstadt wurde Hasenstab den niederländischen Offizieren übergeben und zu Wasser bis Nimwegen gebracht. Aus dem Texel stach sein Segelschiff in See, Kurs Neuholland. Der erste Reiseabschnitt führte nach Ostindien. Das Schiff nahm den Postweg entlang der westafrikanischen Küste ums eisenfressende Kap der Guten Hoffnung herum – der Suezkanal war noch nicht gebaut. Ein halbes Jahr dauerte die beschwerliche Fahrt.

Mit dem zweiten Abschnitt von Indien nach Neuholland begann die Mühsal erst richtig. Durch ferne, unbekannte Meere und Seen kreuzte das Schiff. Die Matrosen streckten den kargen Proviant und fingen Fische und Schildkröten.

Wenn sie überhaupt noch Appetit hatten! Denn die Ostindienfahrer, sofern sie dem Seemannstod entkamen, dem Scharbock entgingen sie nicht: eine Seuche, die das Zahnfleisch faulen und die Zähne ausfallen lässt. Morgens und abends kam der Barbier und schnitt den Kranken das faule Fleisch vom Kiefer.

Ein Segler nach dem anderen landete in Neuholland, den Schiffsbauch voller Verbrecher. Allmählich verwandelte sich Australien in ein Gefängnis, ins größte Gefängnis der Welt.

Freiwillig siedelte sich niemand an. Die erkundeten Landesteile kamen den Zeitgenossen wild und unfruchtbar vor.

Beim Ausbau dieses rauen Landes sollte Hasenstab mithelfen. Diese Strafe schien seinen Untaten angemessen. Besser noch, seiner Rückkehr war der Riegel vorgeschoben. Denn über das Weltmeer konnte keiner entrinnen. Eine Reise ohne Wiederkehr. Zufrieden rieben sich die weltlichen Räte die Hände: Der Fall Hasenstab dünkte sie erledigt, ein für allemal!

·J·A·H·St·1773

Und ist die Jagd vorbei,
So ruft uns froh der Hörner Klang:
Herbei, herbei, herbei
Ihr Jäger zum Gesang!
Es leb die Jagd,
Die edle Jagd
Haho, joho,
Das Gläschen klingt,
Das Mädchen winkt ...
Vitri, vitralala!

Kurmainzer Jagdlied

Das Geheimratsschreiben

Im Spätherbst des Jahres 1772 wird ein Gerücht in den Erzstiftischen Landen herumgetragen.

Das Raunen verdichtet sich, doch die Jäger schweigen dazu. Schließlich verbürgt sich das Gerede und die Behörden sitzen wie auf Kohlen: Der Hasenstab ist wieder im Land!

Wir würden diese Volkserzählung heute als Volksmärchen abtun, fände die abenteuerliche Flucht nicht ihre amtliche Bestätigung.

Dr. August Memminger hat 1924 im Lohrer Schlossarchiv ein Mainzer Hofratsschreiben ausgegraben; darin steht schwarz auf weiß:

»Demnach uns die Anzeige geschehen, dass der nach geleisteter Urfehde der kurfürstlichen Lande verwiesene und nach Neuholland fortgebrachte Wilderer Hasenstab sich wieder in dasigen Gegenden verspüren lasse...«

Hat der Flüchtling das Schiffsvolk beschwatzt wie seinerzeit die Schildwache?

Ob er seine Weltreise gar nicht erst antrat, ob er unterwegs bei einer Zwischenlandung auf und davon ging oder ob er als blinder Passagier zurückreiste – wir wissen es nicht!

Chronisten und Sage schweigen sich aus; deshalb ist Hasenstabs größtes Abenteuer heute fast vergessen.

Bei Lebzeiten hat ihm seine Flucht ein gewaltiges Ansehen eingebracht. Nichts anderes haben die Untertanen erwartet, denn sie haben schon immer gewusst, dass ihr Held mehr kann als Brot essen. Jetzt lassen sich die Leute zu heller Begeisterung hinreißen.

Was wird der Held des Volkes jetzt tun, auf der Höhe seines Ruhmes? Wird er seinen Frieden machen mit der Herrschaft? Doch Johann Adam heißt nicht Hirschhörner-Henrich. Außerdem war es jetzt zu spät.

Wird er sich ins Ausland absetzen?

Unser gemütvoller Chronist will ihm das nicht zumuten:

»Er, der jeden Wildwechsel, jeden Schleich- und Pirschpfad kannte, sollte aus seinem geliebten Spechtswald in unbekannte

Fernen flüchten?! Nein, das tat er nicht, daran dachte er nicht einmal.«

Er bleibt. Bleiben heißt wilddieben, heißt Rückfall ins alte Verbrecherleben. Und Bleiben bedeutet einen neuen Waffengang. Auf seine alten Tage, trotz den Strapazen der Schiffsreise, der Zwangsarbeit, der 25jährigen, immerwährenden Flucht fordert er die Mainzer Jäger heraus.

Die Fahndung läuft bereits. Unter dem 27. Oktober 1772 hat der Hofrat ein Schreiben an den Amtskeller von Lohr sowie an die kurfürstlichen Jäger und Förster gerichtet. Durch Trommelschlag zu jedermanns Nachricht wird dieser Brief nicht bekanntgegeben – das Ansehen des Staates steht auf dem Spiel.

Die Staatsraison bestimmt denn auch das weitere Vorgehen. Schwere Leibesstrafe für Beihilfe, aufsehenerregende Streifen nur ausnahmsweise. Nur kein Aufhebens!

Auch ein Kopfgeld wird wieder ausgelobt. Aber war der Kopf des Anfängers vor 20 Jahren noch 30 Taler wert, so bietet die Regierung für den Meisterwilddieb ganze 10 Taler. Man wiegelt ab.

Aber haben will man ihn dennoch, tot oder lebendig. Ihn kurzerhand über den Haufen schießen, das wagt man Ende des aufgeklärten 18. Jahrhunderts nicht mehr öffentlich anzuordnen.

Deshalb muss der Passus über die Vogelfreiheit neu formuliert werden:

»Dabei geben wir zugleich Gewalt und Erlaubnis, dass, sofern sich Hasenstab bei seiner Betretung zur Gegenwehr setzen würde und man in anderer Weise sich desselben nicht habhaft machen und ihn lebendig zur Haft bringen könnte, man alsdann sich seiner Person entweder lebendig oder allenfalls auch getötet versichern möge.«

Ein behördlich-steifes, verklausuliertes Schreiben. In bestem Amtsdeutsch wird die Verantwortung für einen übereilten Schuss abgewälzt. Wenn etwas schiefgeht, kann man dem Jäger die Schuld in die Schuhe schieben. Das Muster eines Geheimratsschreibens!

Der Hofrat sieht sich vor. Eine unbedachte Entscheidung kann das Volk zu offenem Aufruhr reizen.

Denn von der barocken Staatskirche bröckelt der Verputz, im Inneren klaffen tiefe Risse. Das Gebäude wackelt im Sturm des Zeitgeistes und niemand kann absehen, ob es nicht einstürzt im Beben einer Revolution.

Der Ausbruch Hasenstabs kommt dem Kurstaat doppelt ungelegen. Seine Kurfürstlichen Gnaden befinden sich derzeit nicht bei höchstem Wohlsein. Schlimmer noch, mit Emmerich Josef geht es zu Ende. Vom Fieber geschüttelt muss er seinen Frühlingsaufenthalt in Höchst abbrechen.

Um den Anschein von Führungsschwäche gar nicht erst aufkommen zu lassen. schreibt die Hofpresse unter dem 9. Juni 1773:

»indessen wurden die Kabinettsgeschäfte unter Höchst dero Beiseyn ununterbrochen fortgesetzt, und itzt befinden sich Höchstdieselbe wieder so vollkommen hergestellt, daß die Kurmainzische Staaten sich jene glückliche Aussicht noch lange zu versprechen haben, welcher Weisheit, Thätigkeit, und landesväterliche Sorge denselben unter der Regierung eines theuren Emmerich Josefs gewähren.«

In dieser misslichen Lage wusste der Staat sich nicht anders zu helfen, als eine Aufgabe, die er an sich gezogen, an die zuständige untere Ebene zurückzuverweisen, an die Jägerschaft. Denn wer zwischen den Zeilen der Hofratsverordnung zu lesen verstand, der konnte ein Eingeständnis herauslesen, das Eingeständnis, dass der Staat mit all seiner Macht dem Einzelkämpfer Hasenstab nicht beizukommen vermochte.

Und in den Reihen der Jäger stand tatsächlich ein Mann, der das Zeug hatte, den leidigen Fall zu lösen – Johann Sator.

Den Fall Hasenstab hatte er geerbt vom Vater und vom Großvater. Er selber schlug sich schon seit 13 Jahren damit herum. In all den Jahren hatte er seinen Gegner nur zu gut kennengelernt. Eines Tages würde Hasenstab ganz von selber in sein Verderben rennen, so wie der Falter solange wider das Licht fliegt, bis er verbrennt.

Nicht mit Masse war dem Hasenstab beizukommen, sondern im Zweikampf. Und diesen Kampf Mann gegen Mann suchte Sator.

Globo trajectus

Die Nacht zum 3. Juni 1773 verbringt Sator offenbar in der Einöde Kropfbrunn. Das Forsthaus seines Pürschknechtes liegt günstig für seinen Plan.

Heute sieht das An wesen nicht anders aus als seinerzeit, auch die Umgebung hat sich kaum verändert; die Zeit scheint stillzustehen in diesem abgelegenen Waldwinkel.

Mitten in der Nacht bricht Sator auf. Sein Ziel liegt in der Waldabteilung Kropfbuch. Nicht lange hat er zu gehen, keine Viertelstunde. Von seinem Sitz in Bischbrunn aus hätte er gut und gern zwei Stunden marschieren müssen.

Das damalige Waldbild ist uns getreu überliefert: ein hiebsreifes Buchenaltholz mit einzeln beigemischten Alteichen. Heute heißt die Abteilung »Zauneck« und ist mit Fichten bestockt.

Am halben Hang, hinter einem Felsblock, setzt sich der Revierjäger an.

Zu seinen Füßen liegt das reizvollste aller Spessarttäler, das Kropfbachtal. Der Wiesengrund, vom Kropfbach durchschlängelt, gehört noch zum Bischbrunner Forst. Die Reviergrenze zum jenseitigen Altenbücher Forst verläuft auf dem Talweg. Ohne selbst gesehen zu werden bietet der Ansitz freien Überblick über Wiesengrund und Talweg. Wer hier in Stellung geht, kann mit der Büchse den ganzen Talabschnitt beherrschen. Hier ging kein Anfänger zu Werke.

Wo er alle Trümpfe in der Hand hielt, durfte Sator den Gegner hier überhaupt erwarten?

Würde Hasenstab die Pürsch riskieren, wo bei jedem Schuss im nahen Kropfbrunn die Fensterscheiben klirren?

Sator weiß, warum gerade das Kropfbachtal den Wilber anlockt wie eine läufige Hündin den Rüden.

Von Schollbrunn aus gesehen liegt es gleich vor der Haustür, und bei Gefahr kann man sich schnell in die Wertheimer Kartause Grünau am Talausgang zurückziehen. Wenn überhaupt Gefahr droht, denn den Jagdschutz an der Reviergrenze überlässt jeder der beiden Kurmainzer Jäger bereitwillig seinem Kollegen.

Mehr noch als die Gefahrlosigkeit reizt der Wildreichtum. Quer übers Tal zieht der beste Hirschwechsel des Reviers, wie Forstmeister Simon erzählt.

Für die Hirschjagd ist die Jahreszeit gut gewählt. Denn im späten Frühjahr äst das Rotwild gierig das sprießende Wiesengras. Auch die Herrschaft rüstet sich um diese Zeit zum Hirschfeistjagen. Dass die Hirsche gerade ihr Geweih schieben und noch im Bast sind – auf das Geweih legten damals selbst die hirschgerechten Jäger wenig Wert.

Sator hat seinen Gegner in 13 Jahren nicht erwischt, so nahe sie beisammen wohnen. Wir können nicht glauben, dass er ausgerechnet heute auf ein zufälliges Zusammentreffen hofft. Zu geschickt war alles eingefädelt. Hat er seinen Kropfbrunner Pürschknecht in aller Öffentlichkeit für ein paar Tage außer Haus geschickt, um Hasenstab in Sicherheit zu wiegen? Hat er eine Mausefalle gestellt? Ein »kapitaler weißer Hirsch« soll im Kropfbachtal seine Fährte ziehen. Ein Holzhauer aus dem Rohrbrunner Forst, der mit dem Jagdfrevler unter einer Decke steckte, will ihn bestätigt haben. Auf diesen Hirsch, so erzählen die Leute, soll Hasenstab an jenem Morgen gegangen sein.

Nach dem Volksglauben muss aber der Erleger von weißem Wild selber sterben. Wie der österreichische Thronfolger, Erzherzog Franz Ferdinand, der gegen den Willen seiner Jäger einen weißen Gamsbock schoss. Ein dreiviertel Jahr später wurde er selber erschossen, in Sarajevo. Für das abergläubische Volk lag der Zusammenhang klar auf der Hand.

Auch bei Hasenstab konnte die Jagd auf den weißen Hirsch nicht gut gehen. Denn der Rohrbrunner Scheithauer spielte falsch und ließ ihn dem Sator vor die Flinte laufen.

Nach einem anderen Gerücht ging er jedoch auf Freiersfüßen. Ein Heigenbrücker Kräuterweiblein habe ihn zu einem Schäferstündchen in das Kropfbachtal bestellt und dabei verpfiffen – aus Eifersucht, weil der alte Göker fremdging.

Was auch immer ihn treibt, im Morgengrauen jenes 3. Juni 1773 pirscht Hasenstab den Talweg hinauf.

Er geht auf seinen letzten Beinen.

Sator ruft ihn an!

Hasenstab erkennt die Stimme wohl, weiß, wie viel es geschlagen hat, reißt den Stutzen an die Backe.

Letzte Rettung brächte ein blitzschnell hingeworfener Schnappschuss. Doch die Entfernung ist zu weit, das Tal misst an die hundert Schritt Breite. Und sein Gegner sitzt in sicherer Deckung – er selber steht auf dem Präsentierteller.

Sators höhere Gefechtsbereitschaft entscheidet das Treffen. Seine Kugel ist die schnellere. Hasenstab hat seinen Meister gefunden.

»Dem bedrohlichen Anmaßen« des Erzwilderers war ein Ziel gesetzt, die Hofratsverordnung vollzogen.

Die Einzelheiten dieses berühmtesten Zweikampfes auf Spessarter Boden sind nicht bekannt. Augenzeugen fehlten, Sators Meldung verscholl, und mit dem Untergang des Erzstiftes ist die Kurmainzer Jägertradition abgerissen.

Dennoch steht außer Zweifel, dass es ein ehrlicher Zweikampf war.

Otto Marth schreibt: »Da sich Hasenstab jedoch dem Forstbeamten gegenüber mit angeschlagener Büchse zur Wehr setzen wollte, schoss dieser ihn in der Notwehr über den Haufen.«

Auch das Volk hat Sator nie des Meuchelmordes bezichtigt, wiewohl es dessen Tat nicht gutheißen konnte.

Hasenstabs Freiheit währte nicht länger denn ein halbes Jahr. Uns überrascht, wie der alte Fuchs so arglos in die Falle getappt ist.

Der Krug geht so lange zum Brunnen, bis er bricht – wäre wohl zu billig erklärt.

Auf der Höhe seines Lebens war Hasenstab auch schon am Ende. Er hatte nichts mehr zu verlieren.

Auf einen Strohtod durfte er nicht rechnen. Wovon hätte er auf seine alten Tage leben sollen?

Und in die Hände der Obrigkeit durfte er erst recht nicht mehr fallen. Rückfällig war er geworden und meineidig. Und gegen den Urfehdebrecher wäre nicht mehr nach der Wildereiverordnung, sondern »nach Maßgabe der peinlichen Hals-Gerichts-Ordnung« eingeschritten worden. Das heißt auf Deutsch: Folter und Fallbeil!

So mag er es haben darauf ankommen lassen, auf den Tod durch die Kugel eines Jägers.

Merkwürdigerweise hat weder Kaufmann noch Krämer über Hasenstabs Tod Bescheid gewusst.

»Das Dunkel über das Ende dieses großen Wilddiebs ist noch nicht gelichtet«, schreibt Krämer.

Er hätte das Dunkel selber lichten können, wenn er gewusst hätte, wo nachschlagen?

Todesfälle werden in den Kirchenbüchern eingetragen. Doch welche Pfarrei ist zuständig, wenn ein Mensch im gemeindefreien Gebiet stirbt? Dem Todesort im ausmärkischen Altenbücher Forst am nächsten liegt das Dörfchen Breitenbrunn, eine Filiale der Pfarrei Stadtprozelten.

Und im Sterberegister der Pfarrei Stadtprozelten findet sich tatsächlich der Todeseintrag.

In lateinischer Sprache steht dort unter dem Monat Juni des Jahres 1773:

»3. obiit et in Coemiterio Breitenbrunnensi tumulatus est Joannes Adamus Hasenstab furtivus ferarum Jaculator, a venatoribus E = ^{mi} ac Cel = ^{mi} Electoris in Sylva Spessart globo trajectus«

Das heißt wörtlich übersetzt: »Am 3. Juni 1773 ist verstorben und im Breitenbrunner Friedhof begraben worden Johann Adam Hasenstab, der diebische Wildschütz, von den Jägern unseres allerhöchsten und allergnädigsten Kurfürsten im Spessartwald mit der Kugel durchbohrt.«

Dieser Eintrag weist Hasenstabs gewaltsames Ende zweifelsfrei nach.

Dieser Eintrag widerlegt aber auch die romantische Vorstellung des Chronisten, sein Held sei »inmitten seines heißgeliebten Spechtswaldes« und »beim Rauschen der alten Eichen im Abendwind« bestattet worden.

Wie jeder andere gläubige Katholik ist Hasenstab in geweihter Erde bestattet worden. Wer hätte ihm auch ein christliches Begräbnis verweigern sollen?

Noch am Todestag hat Sator den Leichnam beerdigen lassen. Bis die Todesnachricht ihren Lauf nahm, war das Grab längst zugeschaufelt.

Heute freilich, 200 Jahre nach seinem Tod, ist Hasenstabs letzte Ruhestätte im Breitenbrunner Friedhof längst aufgelassen.

Von einem christlichen Begräbnis handelt auch die folgende Sage. Der Wertheimer Kreisschulrat Johann Andreas Fries hat 1857 darüber ein langatmiges Gedicht von 16 Strophen in sein Merkbuch geschrieben.

Wie Hasenstab aus dem Wald geholt wird

In aller Herrgottsfrüh wird der Breitenbrunner Hofbauer zum Spanndienst aufgeboten. Den totgeschossenen Hasenstab soll er zum Kirchhof fahren.

Der Bauer heißt den Knecht einspannen und fährt gleich los. Im Kropfbachtal neben dem Weg finden sie den Wilber maustot auf dem Buckel liegen. Sie heben ihn auf den Leiterwagen und decken ihn mit Buchenwedeln zu. Ganz wohl ist dem Knecht nicht bei der Sache. Dem Bauern pressiert's, bis zum Mittagläuten will er wieder daheim sein. Hüh, treibt er die Gäule an. Die Gäule blasen – und bleiben bockbeinig stehen.

Der Bauer schnalzt mit der Peitsche – die Pferde scharren und schlagen über die Stränge, aber sie ziehen nicht an.

Da flucht der Bauer und drischt gottsjämmerlich mit der Peitsche auf das Gespann drauflos. Jetzt legen sich die Rosse ins Geschirr, dass die Funken fliegen – und langsam fährt das Fuhrwerk an.

Sie haben doch bloß den dürren Hasenstab geladen, aber der lässt sich ziehen, schwerer wie eine Fuhre Stammholz!

Im Schneckentempo kommen sie voran. Für den Fußweg von einer Stunde brauchen sie den ganzen langen Tag. Wie wenn Geisterhand die Schleife zugedreht hätte.

Erst wie sie beim Sandacker die herrschaftliche Waldgrenze überfahren haben, scheint der Bann gebrochen, die Gäule greifen wieder aus, und ungehemmt fahren die Fuhrleute in den Breitenbrunner Friedhof.

Das Kreuz

So sanglos die Beerdigung, so klanglos die Berichterstattung in der Hofpresse. Die Mainzer Zeitung, die des Bayerischen Hiesel und des Schinderhannes Lastertaten seitenbreit tritt, erwähnt Hasenstabs »Habhaftwerdung« mit keinem Sterbenswörtlein.

Für eine Siegesfanfare über das Deutsche Reich hinweg bestand weiß Gott kein Anlass. Nichts weiter als den Abschluss jahrzehntelangen Misserfolgs hätte sie zu berichten wissen.

Doch das Begräbnis Hals über Kopf und das Totschweigen in der Presse bewirkten Unvorhergesehenes. Viele Leute glaubten einfach nicht, was sie weder gesehen noch gelesen hatten. Viele Untertanen hielten die Todesnachricht für nichts als Propaganda. Denn die Niederlage ihres Helden wollten sie nicht wahrhaben. Die Leute redeten sich ein, er sei einfach wieder einmal verschwunden. Wie so oft in seinem Leben, wenn er die Aufmerksamkeit von sich ablenken wollte. Er werde schon wieder auftauchen.

Und in der Einbildung der Leute tauchte er tatsächlich wieder auf. Die einen wollten ihn in Lohr gesehen haben, andere in Rohrbrunn, dritte in Aschaffenburg.

Wieder andere glaubten sogar, er habe bei seinen alten Freunden, den grauen Mönchen, Zuflucht gefunden und verlebe seine alten Tage als ein Laienbruder im Kloster Bronnbach.

Fahrende Händler brachten schließlich die Mär, er stünde am Neckar in der Bande des schwäbischen Raubmörders Hannikel.

Erst nach Jahr und Tag, als dem Hasenstab längst kein Zahn mehr weh tat, gaben seine Getreuesten die Hoffnung auf.

Zur Erinnerung stifteten sie ihrem Helden ein Steinkreuz, gehauen aus rotem Spessarter Sandstein. Ein gedrungenes deutsches Kreuz mit abgerundetem Schaft und eckigen Armbalken. Auf dem Sockel ist das Todesjahr 1773 eingemeißelt, und auf dem Querbalken stehen als Inschrift die Anfangsbuchstaben seines Namens ·J·A·H·St·.

Diese Inschrift zeigt sich aber nicht dem Betrachter auf dem Weg, sondern sie weist zur Wiese, in Schussrichtung.

Solche Mordkreuze finden sich allerorten im Spessart und im Fränkischen, gesetzt nach altdeutschem Brauch, damit die arme Seele Ruhe findet und nicht umgehen muss.

Für einen Grabstein darf man also das Steinkreuz im Kropfbachtal nicht halten. Auch nicht, wenn ein Wandersmann den trefflichen Marterlspruch dazu gedichtet hat:

»Da ruht er nun, der Wildverhunzer;
Drum Wandrer, bet ein Vaterunser!«

Auch dieses schlichte Steinkreuz – wie könnte es anders sein – hat seine Geschichte.

Dreimal hat es die Behörde beseitigen lassen – und dreimal stellten es die Untertanen wieder auf.

Bis es stehen blieb!

Aber der Klügere hatte zu spät nachgegeben. Das Kreuz hatte seine einmalige Bedeutung gewonnen, es war zu einem Denkmal geworden für den »Helden des Spessarts«.

Der Stein heißt heute im Volksmund das Hasenstabkreuz. Unter diesem Namen ist es in den amtlichen topografischen Karten eingetragen.

Die westlich angrenzende Waldabteilung wurde lange Jahre »Hasenstabkreuz« genannt. Verkürzt auf »Kreuz« lebt diese Bezeichnung heute noch fort.

Das natürliche Fortleben seines Namens währte allerdings nicht so lange. Von seinem Sohn, dem jungen Johann Adam Hasenstab, berichtet Alexander Kaufmann, dass der Apfel nicht weit vom Stamm fiel. 10 Jahre nach des Vaters Tod wird auch der Sohn einschlägig aktenkundig. Er führt eine zwölfköpfige Wildererbande an, macht auf dem Wertheimer Markt einen Stand auf und verkauft rotes und schwarzes Wildbret. Nicht lange, dann wird er von den Jägern lebensgefährlich angeschossen und muss im Militärlazarett verarztet werden. Aber vor dem Einrücken in die Kurfürstliche Armee weiß er sich zu drücken. Stattdessen kehrt er mit seinen Kumpanen beim Wirt in Hasloch ein, kann die Zeche von lumpigen 30

Kreuzern nicht bezahlen und muss sein Gewehr als Pfand zurücklassen.

Als ein Habenichts, der nicht einmal sein Gewehr einlösen kann, verschwindet er aus den Akten.

Ein ganz gewöhnliches Wildererschicksal, wie es sich im Verlauf der Spessartgeschichte wer weiß wie oft ereignet haben mag. Denn an Raubschützen hat es im Spessart nie gemangelt. Aber sie alle frevelten nur gelegentlich.

Erst Hasenstab hat sich allein von seinem Handwerk ernährt. Hasenstab war der erste und letzte Berufswilderer im Spessart.

Ein Leben lang hat er sein lichtscheues Gewerbe getrieben, länger als jeder andere ist er verfolgt worden, länger als jeder andere hat er in Acht und Bann gelebt, als einziger ist er nach Australien verbannt worden.

Seine Auseinandersetzung mit der Fürstenmacht hatte das Ausmaß eines Kleinkrieges angenommen. Diesen Krieg hat er mit List und Tücke geführt und seine allmächtigen Gegner der allgemeinen Lächerlichkeit preisgegeben.

Das ist das Außerordentliche an seiner Verbrecherkarriere! Wie die Leute den lebendigen Wilderer verehrten, so verklärten sie den toten.

Seine Schwänke wurden immer wieder erzählt, im Wirtshaus, in den Spinnstuben, an den Holzhauerfeuern. Diese Erzählungen enthalten wohl ein Körnchen Wahrheit, wenn sie auch im Lauf der Jahre und im Überschwang der Gefühle ausgeschmückt wurden, bis zur Übertreibung.

Hasenstabs Taten zu verklären war den Untertanen ein Herzensbedürfnis. So konnten sie wenigstens beim Erzählen wider die verhasste Obrigkeit rebellieren! Wie die Bayern ihren Hiesel in Liedern besingen, so verherrlichen die Spessarter ihren Hasenstab in der Sage. Ein ganzer Sagenkreis hat sich um ihn gebildet – eine einmalige Erscheinung im deutschen Sprachraum.

Selbstverständlich übernimmt Hasenstab dabei die Rolle des Helden, der Lichtgestalt; wenn man so will, ein Spessarter Siegfried. Den Gegenpart, die Rolle des finsteren Hagen, muss ein anderer spielen!

Der Sator geht um

In der Volkserzählung ist der Name des Hasenstabsiegers getreu überliefert. Nach einer amtlichen Beglaubigung müssen wir allerdings lange suchen. Auf die Spur des Todesschützen bringt uns das Kopfgeld, denn die Auszahlung muss ja irgendwo verbucht sein. So ist es!

In der Rothenbücher Kellereirechnung für das Jahr 1773 steht auf Seite 124 unter der Spalte »An Schuß- und Fanggeld« der nüchterne Eintrag:

»Jägern Joh. Sator von Bischbrunn wegen Erlegung des Wilderer Hasenstab 15 fl«

Der Sieg über Hasenstab brachte Sator ein gewaltiges Ansehen ein. Über Nacht war er zum berühmtesten Jäger des Spessarts, ja des ganzen Erzstiftes geworden.

In der Gunst seines allergnädigsten Kurfürsten konnte er sich allerdings nicht lange sonnen, denn Emmerich Josef starb im nächsten Jahr an einem Herzpolyp, eben als er ausfahren wollte.

»Undank folgte dem menschenfreundlichen Fürsten ins Grab, in dessen Brust ein so gutes Herz schlug.«

Am Wahltag seines Nachfolgers Friedrich Karl Josef von Erthal erscholl das Vivatgeschrei bis in die Pfalz hinüber. Als erste Amtshandlung nämlich hatte Erthal den Kanzler und den Großhofmeister abgesetzt, jene verhassten Herren, welche die zittrige Hand des alten Emmerich Josef beim Unterschreiben geführt hatten. Unter dem neuen Kurfürsten macht Johann Sator Karriere.

Als Revierjäger in Bischbrunn hat er seinen höchsten Dienstgrad zwar erreicht; eine Beförderung auf diesem Dienstposten ist nicht üblich. Bei Johann Sator macht man eine Ausnahme. Im Jahr 1786 wird er zum Oberförster befördert, zum einzigen Oberförster unter den 13 Spessarter Revierjägern.

Beim ehrenvollen Titel allein bleibt es nicht. Er bezieht eine Zulage von jährlich 150 Gulden, und das »ad dies vitae«, auf Lebenszeit.

Vier Jahre später zieht er auch in eine standesgemäße Wohnung. Das alte hölzerne Jägerhaus hatte einem steingemauerten Neubau im Kurmainzer Forsthausstil Platz gemacht.

Ein herrschaftliches Gebäude, diese neue Jägerhaus, die Hausnummer eins in Bischbrunn, auf dem höchsten Punkt gelegen und das Dorf schlossartig überragend.

Stolz vermerkt die Kellereirechnung: »zu Bischbrunn das anno 1790 neu erbaute Jägerhaus, welches anno 1795 et sequentes mit Nebengebäuden vermehret worden, in herrlichem Stande.«

Nach dem Übergang des Spessarts an die Krone Bayerns blieb dieses Jägerhaus ein Amtsgebäude; es wurde der Sitz des staatlichen Forstamtes Bischbrunn. Im Herbst 1976 ist es in private Hand verkauft worden. Ein Bruch mit der Tradition!

Oberförster Sator genießt seinen Ruhm, führt Siegel und Wappen und ist nebenbei der größte Bauer von Bischbrunn. Er lässt sich's gut gehen. Die Leute rühmen noch heute seinen Durst.

Sein Leben erfüllt sich in den vorgezeichneten Bahnen.

Er erlebt die Heirat seiner Tochter Franziska mit dem Heigenbrücker Jäger Heinrich aus dem angesehenen Erbförstergeschlecht der Sternheimer.

Auch sein Sohn Karl schlägt nicht aus der Art. Als der Vater in die Jahre kommt, wird ihm der Sohn mit kurfürstlicher Erlaubnis »adjungiert«, zur dienstlichen Unterstützung beigegeben.

Kurfürst von Erthal, ein gewaltiger Jäger vor dem Herrn, setzt die glanzvollen Hofjagden fort. Aus seiner Zeit sind Massenstrecken überliefert.

Bei einem Hirschfeistjagen im Jahre 1787 kamen 140 Hirsche zur Strecke, darunter 89 jagdbare; gemeint sind wenigstens Zwölfender.

Auf der Schollbrunner Höh, in Sators Revier, wurden das Jahr darauf 115 Hirsche erlegt und mehr als 500 Stück Rotwild wieder ausgelassen.

Die größte Strecke jener Tage wurde schließlich 1792 im Waldaschaffer Revier gemacht: 236 Stück Hochwild. Zu Gast weilten der König von Neapel und die österreichischen Erzherzöge.

Johann Sator machte sich nichts vor. Die Hofjagdzeit ging zu Ende, und die Massenstrecken hatten nichts weiter zu bedeuten als ein letztes Aufflackern vor dem Verlöschen.

Unbeabsichtigt schreibt die Aschaffenburger Zeitung einen ernüchternden Nachruf auf eine glanzvolle Epoche:

»Montag, 2. Juli 1804 früh 9 Uhr und die folgenden Täge wird der zu Rothenbuch aufbewahrte herrschaftliche finstere und lichte Jagdzeuch, sammt Wagen, Kasten und übrigen Zugehörungen, in dem herrschaftlichen Schloß zu Rothenbuch gegen baare Bezahlung an den Meistbietenden überlassen werden.«

Bald darauf verschwindet auch der Mainzer Kurstaat von der Landkarte.

Den Löwenanteil, den Spessart, verleibt sich der Bayerische Löwe ein.

Die tüchtigen Kurmainzer Jagdbediensteten werden in den königlich-bayerischen Forstdienst übernommen. Unter den Auserwählten ist der Revierjäger Karl Sator.

Johann Sators Sohn bewährt sich auch unter einem anderen Herrn und im neuen Forstberuf.

Auf der Bischbrunner Eichenplatte lässt er weiträumige Eichenbestände ansäen, die ersten im Spessart, deren Begründer man kennt. Wenn diese Werteichen in 100 Jahren hiebsreif werden, wird der Name Sator noch einmal hell aufleuchten im Spessart.

Den Untergang seines Vaterlandes hat Johann Sator nicht mehr erleben müssen.

Hochgeachtet, als »supremus forestarius Sylvarum«, als oberster Förster des Spessarts, stirbt er am 24. Mai 1804 in Bischbrunn. Knapp 68 Jahre ist er alt geworden, und gleich redeten ihm die Leute Selbstmord nach.

Doch er starb wohl versehen mit den heiligen Sterbesakramenten, wie das Kirchenbuch ausdrücklich vermerkt.

Die Erinnerung an Hasenstabs Tod lebte wieder auf. Das Volk verurteilte Sators Tat als ein Verbrechen. Nach volkstümlichem Rechtsempfinden verfällt ein Verbrecher, der auf Erden keinen Richter findet, im Jenseits der göttlichen Gerechtigkeit. Sators arme Seele findet deshalb im Grab keine Ruhe. Sie muss umgehen im Wald und im Forsthof.

Geheimrat Reder, während des Dritten Reiches Forstmeister in Bischbrunn, hat in geselliger Runde gerne von seinem unheimlichen Hausgeist erzählt. Blicken ließ er sich selten.

Nur einmal, in einer Dreikönigsnacht, geisterte er durch den Zerwirkkeller, mit einem Leuchter in Händen, dessen Licht nach unten brannte.

Umso häufiger ließ er sich hören. Gegen Mitternacht rumpelte er in seiner Schlafstube herum – noch heute heißt es das Satorzimmer –, manchmal so arg, dass die Balken krachten und das Feuer aus dem Ofenloch schoss.

Der Junggeselle Reder war das Rumoren gewöhnt, aber aus Bischbrunn stand kein Dienstbote bei ihm ein. Er musste seine Mägde aus der Grafschaft holen, aber auch die getrauten sich nicht im Forstamt zu übernachten, sondern gingen zum Schlafen ins Dorf.

Bei aller sozialen Kritik, die aus solchen Sagen spricht, zeigt sich der umgehende Sator aber auch als ein guter Geist. Getreu hütet er seinen Wald, schreckt die Frevler, den Guten tut er aber nichts zu Leide. So widersprüchlich wie im Leben gibt er sich auch im Tod.

Das Volk hat ihm nicht vergessen, dass er bei aller Strenge Arbeit schaffte und Brot für die Ärmsten. Sein Andenken ist bis heute lebendig geblieben. Und was dem Hasenstab sein Kreuz, das ist dem Sator seine Eiche.

Bei Bischbrunn, an der Staatswaldgrenze im Dümmers, steht eine 300jährige, knorrige Wodanseiche. Dieses Naturdenkmal heißt zu seinem Gedächtnis die »Satoreiche«. Auch der dortige Autobahnrastplatz trägt seinen Namen.

Hasenstab und Sator, die Namen der beiden Kämpfer weiß heute noch jedes Kind im Spessart.

Die wohlgeborenen Kurfürsten kennt keiner mehr!

Wie der Sator gestorben ist

Der Sator und seine Jäger, die haben halt den Hasenstab nicht getroffen, so viel sie auch auf ihn geschossen haben. Der war schussfest.

Drum hat sich der Sator eine Freikugel besorgt. Aber so eine Freikugel kriegst du nur vom Leibhaftigen – und der gibt nichts für umsonst.

Deswegen ist der Sator auch nicht in seinem Bett gestorben. Den hat der Teufel geholt. In seiner Kammer jagt er sich eine Kugel durch den Kopf, dass das Gehirn von der Wand getropft ist.

Dennoch haben seine Leute so getan, wie wenn er ehrlich gestorben wäre.

In voller Montur legen sie ihn in den Sarg und bahren ihn im Forsthof auf. Der Pfarrer segnet ihn aus und die Trauerleute beten, wie es sich gehört.

Aber wie sie den Sarg zugenagelt haben, da hat eine Frau einmal aufgeguckt: Da steht der alte Sator hinter seinem Kammerfenster, im Jagdrock mit der Pfeife im Maul, und betrachtet seine eigene Beerdigung.

Die Frau weist aufs Fenster und schreit: der Sator, der Sator, rennt auf und davon und die ganze Trauergesellschaft hintennach.

Dem Sator seine arme Seele hat keine Ruhe gefunden. Er hat mit dem wilden Jäger ziehen müssen. Und wenn in den Rauhnächten das wilde Heer vom Maingrund herauf über den Spessart reitet, dann macht es jedes Mal Halt vor dem Forstamt und der Sator schlägt mit der Reitpeitsche wider das Hoftor.

Aber am Hubertustag, da ist er daheim. Da kannst du ihn sehen, wenn er um Mitternacht aus seinem Kammerfenster guckt, im Jagdrock und die Pfeife im Maul.